机械工程系列规划教材

冲压模具设计与制造

施于庆　祝邦文　编著

U0229881

ZHEJIANG UNIVERSITY PRESS
浙江大学出版社

图书在版编目（CIP）数据

　　冲压模具设计与制造／施于庆，祝邦文编著. —杭州：
浙江大学出版社，2014.12
　　ISBN 978-7-308-14127-7

　　Ⅰ. ①冲… Ⅱ. ①施… ②祝… Ⅲ. ①冲模—设计 ②
冲模—制模工艺 Ⅳ. ①TG385.2

　　中国版本图书馆 CIP 数据核字（2014）第 283289 号

内容简介

　　本书是编者在多年的冲压模具设计与制造的教学和科研及企业实践经验的基础上，对模具设计与制造基本知识和共性作了系统的论述。全书共六章，第一章冲压模具设计与制造基本知识，第二章冲裁模设计与制造，第三章弯曲模设计与制造，第四章拉深模设计与制造，第五章其他模具设计与制造，第六章冲压模具设计与制造中的相关问题。本书从模具结构设计的角度出发，论述了模具结构与模具制造的关系，以冲压件产品设计及使用要求，说明合理的模具结构设计和模具零件的工艺性对模具的制造精度、制造的难易程度、制造成本、制造周期及装配调试工作等的影响，对国内成熟的科研成果，实际冲压作业经验加以补充，通过具体的实例讲解并配合易于理解的直观的三维图和设计图，清晰地表达出模具零件的形状和在模具装配图中各模具零件的装配关系及设计过程，同时给出了常用模具设计参数表，突出实用性。

　　本书由浙江科技学院施于庆和祝邦文共同编著，适用于高校机械类各相关专业教材，也可供相关工程技术人员参考使用。

冲压模具设计与制造

施于庆　祝邦文　编著

责任编辑	杜希武	
封面设计	刘依群	
出版发行	浙江大学出版社	
	（杭州市天目山路 148 号　邮政编码 310007）	
	（网址：http://www.zjupress.com）	
排　　版	杭州好友排版工作室	
印　　刷	浙江云广印业有限公司	
开　　本	787mm×1092mm　1/16	
印　　张	14.25	
字　　数	355 千	
版 印 次	2014 年 12 月第 1 版　2014 年 12 月第 1 次印刷	
书　　号	ISBN 978-7-308-14127-7	
定　　价	29.00 元	

前　　言

冲压模具是冲压件生产中不可缺少的工艺装备,如何根据冲压件产品的技术要求进行模具的结构设计,直接影响到模具制造成本和周期及精度等。模具设计人员未必能熟练地制造、装配及调试模具,然而,一个优秀的模具设计工程师却不但要具备精通模具的工作原理和结构要求及设计方法,而且要非常熟悉和了解各种模具加工设备的加工方法及加工过程,了解模具或模具零件是如何制造及装配的,包括模具材料的选择,加工设备所能达到的精度,热处理要求,关键是了解设计什么样的模具零件要采用什么样的加工方法,什么样的加工设备或加工方法是最经济合理的,并且是能满足使用要求的。

本书把模具设计与模具制造技术融合为一个整体,目的在于使两者更好地结合。

在编写风格上,面向模具设计人员,从模具设计者角度出发,在熟悉并掌握制造模具技术的基础上,设计出更加合理的模具结构和具有良好加工工艺性的模具零件,特别指出了一些冲压实际作业中的模具设计要求。

通过本书循序渐进的论述,以冲裁、弯曲、拉深模设计与制造作为全书的重点,并吸收国内成熟的科研成果,实际冲压作业经验,一些国内外模具设计制造相关资料。为便于理解,以文字叙述为主,尽可能多地辅以相应的图或表,以求直观,力求内容丰富,系统性和实用性强,文字表达精炼,通俗易懂,适用于高校机械类各相关专业教材,也可供相关工程技术人员参考使用。

本书由浙江科技学院施于庆和祝邦文共同编著,适用于高校机械类各相关专业教材,也可供相关工程技术人员参考使用。在编写过程中得到多位同行的悉心指导,并提出了许多宝贵意见,在此表示衷心感谢。

由于编者理论水平和经验有限,书中难免有不当和错误之处,恳请读者批评指正。

作　者
2014 年 9 月

目　　录

第一章　冲压模具设计与制造基本知识

第一节　冲压加工的特点及应用

　　冲压生产过程是采用安装在冲床上的模具,对金属板料进行分离或发生材料转移及变形,来获得所需要形状和尺寸的板料零件或产品的加工方法。金属板材厚度一般≤13mm,通常在常温下进行,所以也称为板料冲压或冷冲压。冲压不但可以加工金属板材,而且还可以加工非金属板材。冲压加工被广泛应用于汽车、航空航天、军工、电机、仪表、家用电器等板料零件的生产中,冲压生产中所使用的模具称为冲压模具或简称冲模,是把板料加工成所需要的冲压零件的一种工艺装备。冲模设计与制造水平直接影响到冲压件生产的质量。图 1-1 表示了冲压生产过程;图 1-2 和图 1-3 所示是冲床、模具和冲压零件及废料。

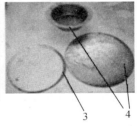

1. 模具　2. 坯料(条料)　3. 冲床
图 1-1　冲压生产过程

1. 冲床　2. 模具　3. 废料　4. 冲压件
图 1-2　冲床和模具及冲压件

　　机械或机器零件千差万别,生产或加工的方法也各不相同,其中金属板料制成的零件绝大多数都由冲压加工或生产来完成。与机械加工相比较:机械加工或切削加工,是通过安装在机床上的夹具,完成对块状或棒料金属等进行如切削和铣削及钻削等加工所得到的一定形状和尺寸的机器零件,图 1-4 分别是一些机械加工和冲压加工所得到的机械零件或产品。

一、冲压加工特点

　　冲压加工最主要的特点是生产效率和材料利用率高;其次是冲压零件或产品质量稳定,互换性好,冲压件重量轻、强度高、刚度和表面成形质量好等,并具有其他加工方法所难以生

1. 坯料 2. 模具 3. 冲床 4. 冲压件

图 1-3 冲床和模具及坯料

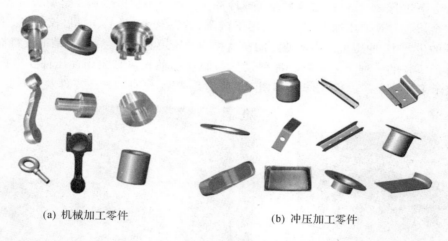

(a) 机械加工零件 (b) 冲压加工零件

图 1-4 机械加工和冲压加工所得到的机械零件或产品

产的特点。缺点有：(1)冲压模具只能对应相应的冲压工序使用,专用性很强,冲模设计与制造的周期相对较长,有时生产一个复杂的冲压件(如汽车的车门等)需要数套模具,制造成本和技术要求高,结构比较复杂,不适合小批量、多品种冲压件产品生产,而适合大批量生产,才能并获得较高的经济效益;(2)冲压件精度取决于模具的结构设计和模具零件制造及安装水平,如果冲压件精度过高,冲压加工就难以实现;(3)冲压加工虽然对操作者技术要求不高,操作时动作相对简单。但冲压设备如机械式压力机工作时,设备发生振动并且噪声大,手工操作时,尤其是计件操作,冲压作业者时刻都是在随着压力机滑块与安装在压力机滑块上的模具(上模总成)重复着上下往复运动的节奏中,进行放入坯料和取出工件的操作,对操作者显得十分单调,容易引起视觉疲劳,且劳动强度大。

二、冲压模具与夹具的不同点

冲压模具与夹具相比较较能说明问题。冲压加工所用模具与机械加工采用的夹具都属于工艺装备,而且都有很多可采用的国标或企业的设计与制造标准。然而对夹具而言,虽然也是不同的工序就有与之不同结构的夹具和与之对应的机床,如钻孔工序,就有钻夹具和钻床;铣平面,有铣夹具和铣床。然而不同工序间的夹具形状是很不相同的,所采用的机床类型及工作方式也完全不同。而对冲压来说,冲压加工工序不同,如冲裁、弯曲、成形等,各种模具从外观看来却很相似(图1-5)。

(a) 自行车零件冲孔落料模

(b) 工艺品成形模

(c)一字形旋杆成形模

(d) 一字形旋杆冲切模

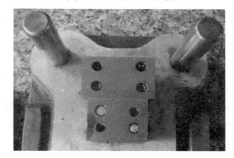

(e) 一字形旋杆成形模的上模和下模总成

图1-5　冲压生产用模具

　　模具一般情况下都有上模板和下模板(或称上模座和下模座),导柱和导套。上模板和下模板与导柱和导套合装在一起,称之为模架。或者上模板和下模板与导柱和导套合装在一起且带有模柄的模架。所以模架只有两种形式:没有模柄的模架(图1-6(a))和带有模柄的模架(图1-6(b))。冲床也基本上只有机械式压力机和液压机两种类型,而且这两种不同类型的冲床工作方式是一样的,即滑块上下一个来回就完成一个冲压过程(行程)。板料冲压从两个方面来分,就是成形工序(材料转移或变形)和分离工序(板料的分离)。成形工序中又根据变形形状或模具不同,再取不同工序名称,如弯曲、拉深、胀形及翻边等;同样,分离工序分可分冲孔、落料、切断及剖切等。无论在成形工序或分离工序中如何称呼不同的工序名称，对冲压生产时使用的冲床来说，板料分离基本上采用速度较快的机械式压力机，板料成形及材料转移或变形一般采用速度较慢的液压机。冲压模具设计者的任务就是：无论何种冲压工序，模具结构设计的结果和要求都是要保证在冲床一个上下来回（行程）中完成生产出合格的冲压零件。

(a) 无模柄模架　　　　　　　　　(b) 有模柄模架

图 1-6　模架

　　事实上，由于不同的板料件冲压生产或者不同的冲压工序所用模具零件大部分都很相似，同样尺寸的一套模架可能适用于不同的板料件生产的冲压模具或工序。这就给模具设计者带来了许多方便之处，略加修改后的零件图就可作为其他工序的模具零件图使用。又由于现在有很多的专业厂家，专门生产冲模模架，设计时只要写明外购模架规格等，并在相应的模板上标注出螺钉及销钉孔等加工元素，这就极大地减轻了设计者的劳动强度和缩短了模具设计周期。如冲孔工序和落料工序，如果被冲裁的板料直径和板厚及公差等都相同，模具的结构形式和工作原理及外观都是相同的。模具零件如卸料板、弹性元件（弹簧或橡皮）、卸料螺钉、凸模固定板、凹模固定板等零件的材料、形状和尺寸及技术要求也都是相同的，差异仅仅在于凸模与凹模的刃口尺寸有所不同。但是夹具就不同了，同一个零件、不同加工工序的夹具，或者不同零件、不同的工序等，零件几乎都不相同，所以不同夹具相互之间的零件设计图几乎不能相互参考，更难以通用。

　　对于夹具的结构设计，如果设计者的设计思路正确，制造无误，一般可不经调试或花不多的时间装配及调试，便可迅速地投入生产使用。但是对于模具，即使设计者的设计思路正确，模具的工作原理或过程没有差错，制造也没有问题，但是模具投入实际冲压生产，并不一定就能获得合格的冲压零件或产品，往往还要经过比较长的调试时间。如：尺寸比较大的 U 形弯曲模相对结构比较简单，制造也不难，但弯曲回弹不易控制，还需要花大量的时间调整如间隙、凸模和凹模圆角等；大型复杂的拉深件的拉深模更是如此，复杂拉深件拉深是一个大位移、大变形的过程，尺寸比较难控制，影响的因素很多，很多情况下，计算机仿真结果也不一定与实际结果相吻合。因此，模具从设计到使用，包括了设计和制造，而制造包含了模具制造、安装及调试。调试占了制造中很大的比例，调试中出现不符合产品要求的情况下，还要不断地修改加工。夹具设计一般取决于各个零件的精度要求，零件的精度要求是满足夹具装配后使用的前提；模具中有些零件不完全依赖于单个模具零件的精度，而要依据整体装配及修模来完成达到生产出合格的冲压件产品。因此，夹具和模具还是有很大的区别的。

模具设计与制造有其特殊性,相对来说,模具零件的标准化程度更高,但是一般情况下夹具所能加工零件的精度更高。普通精度的模具加工精度比夹具要略低一些。

就夹具和模具的零件制造而言,材料的选择,加工方式如机械加工,热处理,甚至焊接、铸造,表面处理等都会用到,所以适用于机械零件的加工知识都适用于模具零件的加工。

第二节　冲压加工基本工序

冲压中的分离工序是指板料按一定的轮廓线分开,即坯料变形部分的应力达到强度极限以后,坯料发生了断裂而产生了分离,从而获得一定形状、尺寸和切断面质量的冲压件的工序。成形工序是指板料在不破裂的情况下,坯料变形部分的应力达到了屈服极限,但没有达到强度极限,仅使坯料产生塑性变形,并通过塑性变形获得一定形状、尺寸的冲压件的工序。生产中常用分离工序见表 1-1,成形工序见表 1-2。

表 1-1　分离工序

工序名称	工序简图	特点及应用范围
落料	废料　零件	将材料沿封闭轮廓分离,被分离下来的部分大多是平板的零件或工件
冲孔	零件　废料	将废料沿封闭轮廓从材料或工件上分离下来,从而在材料或工序件上获得所需要的孔
切舌		将材料沿敞开轮廓分离,被分离的材料成为零件或工序件
切边		利用冲模修切成形工序件的边缘,使之具有一定的形状和尺寸
剖切		用剖切模将成形工序件一分为二,主要用于不对称零件的成双或成组冲压成形之后的分离

表 1-2　成形工序

工序名称	工序简图	特点及应用范围
弯曲		用弯曲模使材料产生塑性变形，从而弯成一定曲率、一定角度的零件。它可以加工各种复杂的弯曲件
卷边		将工件边缘卷成接近封闭圆形，用于加工类似铰链的零件
拉弯		在拉力与弯矩共同作用下实现弯曲变形，使坯料的整个弯曲横断面全部受拉应力作用，从而提高弯曲件的精度
拉深		将平板形的坯料或工序件变为开口空心件，或把开口空心工序件进一步改变形状或尺寸成为开口空心件
翻孔		沿内孔周围将材料翻成竖边，其直径比原内孔大
起伏		依靠材料的伸长变形使工序件形成局部凹陷或凸起
胀形		在双向拉应力作用下，将空心工序件或管状件沿径向往外扩张，形成局部直径较大的零件
扩口		将空心工序件或管状件口部向外扩张，形成口部直径较大的零件
缩口缩径		在空心工序件或管状件的某个部位上使其径向尺寸减小

续表

工序名称	工序简图	特点及应用范围
翻边		沿外形曲线周围翻成侧立短边

第三节　冲压模具零件和冲压件常用材料

一、冲压模具零件常用材料及选用原则

冲压模具材料一般主要采用碳钢、合金钢、铸铁、铸钢，其他的有硬质合金、聚氨脂等，快速试制的模具材料有低熔点合金、中熔点合金等。

凸模和凹模是在高强度压力下，连续使用和有很大冲击的条件下工作的，并伴有温度升高、剧烈摩擦。工作条件对凸模和凹模的材料要求有良好的耐磨性、耐冲击性、淬透性和切削性，硬度要求高、热处理变形小，而且价格相对要低廉。决定采用何种模具材料，应根据冲压零件的生产批量大小：对于大批量生产的冲压件，其模具材料应采用质量要求高、耐用度好的材料；对于中小批量的生产用的模具或试验模具，则采用相对价格便宜、耐用度较差的材料。

根据冲压材料的性能、工序种类及冲压模具零件的工作性质和作用来选择模具材料：如冲裁模的凸模和凹模是在高强压力、强烈的应力集中和冲击负荷条件下工作的，因此就要求具有较高强度和硬度及高的耐磨性，一般采用碳素工具钢或硬质合金。如导柱和导套则要求耐磨性和较好的韧性，故一般采用低碳钢表面渗碳淬火。大多数情况下，凸模和凹模的热处理略有不同，一般是凹模的硬度略大于凸模。但一般在企业生产中习惯于将热处理要求相近的模具零件放在一起热处理，以提高生产效率也未尚不可。

根据材料的供应情况和企业的生产现状，一副模具中的材料品种不宜过多，大多数模具常用的钢材就如以下几种材料：45、T10(T10A)、Cr12、Q235、20、65Mn、HT200等。一般情况下，45号钢、T10(T10A)、Cr12用于做凸模和凹模材料；45号钢用于做垫板，定位销，固定板；Q235用于做垫板，上模板或下模板；对于大型模具的上模板和下模板或模座一般采用HT200。20号钢用于做导向零件；弹性元件一般采用橡皮或弹簧，弹簧材料一般采用65Mn。制造模具零件的钢材除了Q235以外，其他基本上都要进行热处理。如果对模具使用要求比较高的，还可采用各方面性能更好的模具材料。

二、冲压件常用材料及选用原则

冲压模具所加工的对象是冲压板材，冲压件所用的材料是冲压生产的基本要素之一。冲压模具设计时，要了解材料的冲压性能，合理地选择材料，才能生产出合格的冲压件，满足产品在强度、刚度等力学性能方面的使用要求。

冲压件一般可分为两类：一类是形状复杂但受力不大，如汽车覆盖件和一些机械产品的外壳，只要求钢板有良好的冲压性能和表面质量，多采用冷轧深冲低碳钢板(如08，08Al)。

另一类形状比较复杂且受力较大,如汽车车架,要求钢板不但要有良好的冲压性能同时又有一定的强度,多选用冲压性能好的热轧低合金钢厚板(如 16MnL)。冲压所用的材料,不仅要满足工件的技术要求,也必须满足冲压工艺的要求。如:冲压结构件的要求;冲压件的用途;材料的厚度公差等。冲压生产中常用的材料是金属材料(黑色金属和有色金属),如Q235、08、08F、08Al、黄铜板(带)和铝板(圆棒,带)。比如生产自行车闸把零件,先将铝合金圆棒弯成一定的弯曲形状(弯曲模),压制成形(成形模),切边(切边模)即完成了自行车闸把零件的冲压生产。再如一字形旋杆生产过程是:(1)45 号圆钢先用模具拉直,达到一定的平直度,并同时提高了其强度和刚度;(2)采用切边模在冲床上切断,切割成所需长度尺寸;(3)工作端压制;(4)冲切前端面;(5)冲切两侧面。冲压件材料有时可加工非金属材料如塑料、橡胶及木材等。比如纸质快餐盒,落料和成形都是采用模具来完成的。

三、冲压件材料的规格

冲压用的原材料大部分是以板料及带料(卷料)形式供货的。板料供货一般尺寸(长和宽)都比较大,可按冲压件或相应冲压工序毛坯制备尺寸的大小及模具的工作方式制备等。通过剪裁设备如剪床裁剪成所需的尺寸和形状,一般剪床的刀刃是直边,所以只能剪裁直边的条料或块料(图 1-7(a))。小批量生产尺寸比较大,且形状又复杂的拉深件的毛坯下料,按毛坯尺寸大小(长和宽)并放适当的余量,先根据剪床裁剪初始条料或块料,再按毛坯实际尺寸和形状,采用振动剪或者线切割下料。拉深模试压时的非规则形状的毛坯下料一般采用此种方法(图 1-7(b))。大批量生产尺寸不大的冲压零件或毛坯制备,采用落料模具(图 1-7(c))。如果冲压件批量很大,并且冲压件板料较薄,按零件或毛坯尺寸大小选择相应宽度和长度的卷料。卷料较适用于大批量生产的自动送料。冲压生产时可采用专门的卷料和送料机构。

(a) 剪床裁剪   (b)振动剪或线切割   (c)落料模下料

图 1-7 零件或毛坯制取方式

四、新型冲压板材

随着汽车等工业的迅速发展,出于安全性、经济性和环保考虑,冲压件轻量化逐渐成为工业产品生产发展的趋势之一,对金属薄板生产及成形技术提出了更高的要求,出现了很多新型的冲压板材。如低合金高强度薄钢板,是用普通钢板通过添加合金成分和热处理工艺来控制板材性质,加以强化处理而得到的钢板,使得高强度钢板的抗拉强度远大于普通冷轧软钢板的抗拉强度。汽车制造中大量采用轻量化材料如铝合金、镁合金等,使汽车(一辆汽车中约有 2 万多个零件,其中 80% 的是冲压件)总重下降,从而降低了燃油的消耗,汽车的废气排放量减少,污染程度相应下降。汽车车身零件板厚由原来的 1.0~1.2mm 减薄到0.7~0.8mm 甚至更薄,车身重量减轻 20%~40%。但是低合金高强度薄钢板及铝合金、镁合金成形性能远不如普通的拉延薄钢板,在汽车冲压件生产中产生的起皱和破裂程度远远大于普通的拉延薄钢板,从而对冲压工艺和模具设计提出了更高的要求。因此,就迫切需要研发新的冲压工艺和技术,提高低合金高强度薄钢板及铝合金、镁合金成形性能。

第四节　冲压常用设备与常用模具加工设备

一、冲压常用设备

冲压工作是在冲压设备上进行的,目前在材料成形(塑性成形)中广泛使用的设备主要有以曲柄压力机为主的机械压力机(图1-8)和以四柱万能为主的液压压力机(图1-9)。机械压力机的冲压速度较快,机床滑块每分钟上下来回一个行程300次及以上,多用于进行分离工序,也可进行浅拉深等成形工序。而液压压力机的冲压速度较慢,机床滑块工作速度约在 $V=2\sim9mm/s$ 范围内,一般用于弯曲、拉深、胀形、缩口等成形工序。

模具设计除了要了解冲床工作原理,还要用到以下冲床主要参数,所以要非常熟悉。

图 1-8　机械式压力机

1. 冲床的吨位

冲床的吨位指的是公称压力,模具是在冲床提供的压力下完成工作的,所以设计模具中所有的力的合力都要比所选择的压力机吨位要小。一般按如下公式选取压力机吨位。

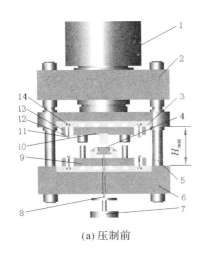

(a) 压制前

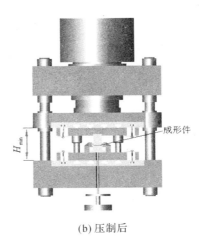

(b) 压制后

1. 液压压力机主缸　2. 机床床身　3. 液压压力机滑块　4. 板坯　5. 液压压力机导柱
6. 液压压力机工作台(底座)　7. 液压压力机下顶出缸　8. 顶出杆　9. 下模　10. 上模
11. 紧固螺母　12. 压板　13. 垫块　14. T形紧固螺钉

图 1-9　液压压力机工作原理

$$F_合 \times 1.2 \leqslant F_{冲床} \quad 或 \quad F_合 / 0.8 \leqslant F_{冲床} \tag{1-1}$$

2. 闭合高度

压力机的闭合高度是指滑块在下死点位置时,滑块下平面到工作台垫板(厚度 H_T)上平面的距离。机械压力机一般可调节压力机上的连杆的长度 l,所以可以调节闭合高度的大小,因此压力机闭合高度有最大闭合高度 H_{max} 和最小闭合高度 H_{min}。模具的闭合高度 H 是指冲模在最低工作位置时,上模座(上模板)上平面至下模座(下模板)下平面之间的距离(这个尺寸必须要在模具装配图中标出)。模具闭合高度与压力机闭合高度的关系,如图1-10所示,模具的闭合高度应在压力机的最大与最小闭合高度之间。理论上为:

$$H_{min} - H_T \leqslant H \leqslant H_{max} - H_T \quad 或可写成:H_{max} - l - H_T \leqslant H \leqslant H_{max} - H_T$$

实际应用:

$$H_{min} - H_T + 10\text{mm} \leqslant H \leqslant H_{max} - H_T - 5\text{mm} \tag{1-2}$$

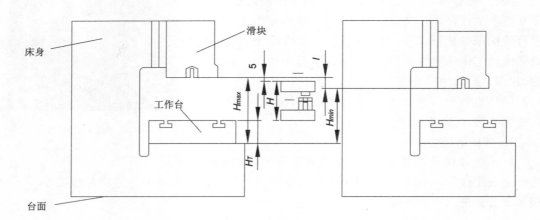

图1-10　压力机闭合高度与模具闭合高度关系

设计模具时,为节约成本,应尽量按照最小模具闭合高度进行设计。

3. 压力机工作台面尺寸

压力机的工作台面尺寸一般采用左右和前后(相当于长和宽)标注,冲压生产时,操作者一般是站在冲床前面的(称之为前面),板料从前面往后面送入,或者材料从左向右(或从右向左)。

压力机工作台面尺寸应大于模具的最大平面尺寸,一般工作台面尺寸每边应大于模具下模座尺寸 50~100mm,以便于给安装固定模具时,留出足够的螺钉和压板的空间位置。

选择压力机工作台面尺寸还要考虑到模具(下模座)吊装钩,吊装凸台或冲压毛坯伸出压力机工作台面等情况,以免发生干涉。

除了上述的主要参数外,还有漏料孔尺寸、模柄孔尺寸及电动机功率等都是要考虑到的问题。详细见有关模具设计手册。一般冲压企业的冲床数量和类型总是有限的,因此选择压力机时,如果所需的冲压力不大,但模具平面尺寸很大,还是要考虑以工作台大小来选择压力机的。例如,冲某汽车覆盖件车门上的钥匙孔,虽然所需的冲孔力不大,模具尺寸也不需要很大,可能只要16吨或以下的冲床就足够了,但是汽车覆盖件车门半成品零件很大,远远超出了小吨位的冲床工作台范围,这时就不可能根据冲床吨位来选择压力机了,或者就只能选择比如800吨这样的工作台尺寸比较大的冲床,才能放得下车门半成品进行冲孔。

二、常用模具加工设备

模具是一种工艺装备,所以其零件加工所有用到的加工设备大都和加工一般机械零件是一样的,如车床、铣床、刨床、磨床、钻床等。如图1-11(a)所示是模具中的导向零件:导柱和导套,是采用车床车削加工,经热处理后再经磨床磨削加工就能完成。但同样如图1-11(b)所示的模具导向零件:导板,是采用铣床铣平面,钻床钻油槽小孔再铣油槽,如果有油槽平面粗糙度要求比较高,则还要进行磨削加工。模具零件实际上可以说是一种加工形式比较相类似的专门化的机械零件,比如模具都有凸模和凹模,大都采用导柱和导套,上模板和下模板及卸料螺钉等。但是模具毕竟和一般的机械零件还是有所区别的,所以特殊的模具零件还要用到一些特殊的加工设备如线切割机床等。模具设计者要十分清楚和了解企业设备的制造能力和模具制造者的加工水平。

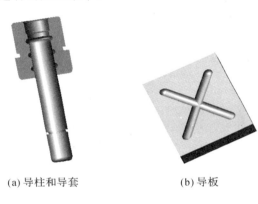

(a) 导柱和导套　　　　　　　　　(b) 导板

图 1-11　导向零件

一般不同类型的企业或工模具车间及专业的模具制造厂,模具的加工和调试模具能力及修模水平,包括具备的冲床数量和冲床类型及吨位都是不同的,有的适合制造小型模具,而有的不但能够制造小型模具,也能够制造大型模具。一般小型模具厂只具备了普通的车、铣、刨、磨、钻及线切割机床等加工设备,热处理炉的一次性处理容量也不大;而大型模具工厂不但具备一般车、铣、刨、磨、钻及线切割机床等加工设备,热处理炉的一次性处理容量也相对较大,而且针对大型模具的制造,还具备有龙门铣、龙门刨等大型模具加工设备。而且对模具制造者来说,制造小型模具和制造大型模具的工艺流程、制造能力和水平也是不同的。模具设计时,要根据掌握的企业设备和人员等情况来进行正确的模具设计工作。

三、模具结构设计与模具加工设备的关系

一般说来,设计出来的模具零件都是能够加工出来的。但是模具零件设计的结构有优劣之分,零件的加工工艺性或者工艺设计细节也有优良之分,并直接影响到模具的装配或使用及零件的品质。如图1-12所示U形件压制,如果U形件比较长(垂直于图面方向),若是采用此种模具结构弯曲U形件,即U形件高度方向没有全部进入凹模模腔里,则凹模设计

加工成圆角或45°倒角。这对弯曲成形效果几乎没什么影响,但对凹模的加工性却有影响,相对来说,加工45°倒角比加工圆角方便得多。

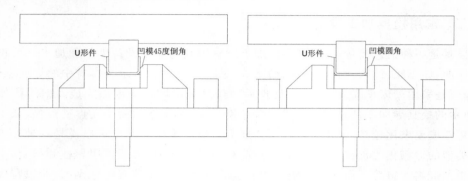

图1-12　U形件弯曲模凹模设计加工性

再如,图1-13(a)所示的圆形凸模,一般按凸模设计标准,凸模上每一段不同直径的圆柱都要求圆角过渡。如图上所标处r也是圆角过渡。从设计角度与冲压作业来说,这当然是对凸模冲孔时受力比较有利,然而与之相装配的凸模固定板沉孔平面与通孔处并没有给出加工出圆角或倒角这些装配要素的设计要求(图1-13(b)),所以则这两个零件装配时,接合

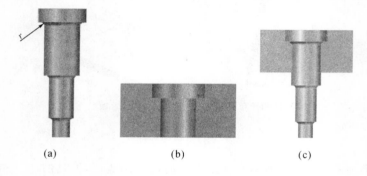

(a)　　　　　　　　(b)　　　　　　　　(c)

图1-13　凸模与凸模固定板装配工艺不佳

面必定是不平整的(图1-13(c)),反而不利于凸模冲孔受力情况。所以凸模设计要多从零件的结构设计和模具零件的工艺及装配要求等多方面综合考虑,修改成如图1-14所示的结构:凸模不同圆柱过渡处采用圆角,则凸模固定板的沉孔平面与通孔处加工出倒角;或者如图1-15所示的结构:凸模圆柱过渡处采用退刀槽,则凸模固定板的沉孔平面与通孔处不变。对于模具设计者来说,尤其重要的是了解和熟悉这些加工设备能够加工什么形状的零件,能够加工零件的尺寸精度及达到的粗糙度等,如果不了解和熟悉加工设备,那么设计的模具结构或者模具零件的工艺性、成本、精度等都会受到很大的影响。如图1-16所示的凸模零件能用铣床加工,也能用刨床加工,如果该零件比较短的话,则采用线切割比较方便。又如图1-17所示的汽车垫板后悬架,板厚设为5.5mm,如果要设计该冲压件模具,可以考虑两个方案。

　　设计方案一:设计一副冲孔模,再设计一副落料模,冲压生产时,冲孔后以冲出的孔定位再落料,落料模的凸模和凹模的外形皆可考虑采用线切割机床加工(图1-18)。虽然落料或

冲孔模具采用线切割加工比较多,但是由于线切割加工前必须要打孔穿钼丝,所以要同时得到凸模和凹模,其中的一个零件必然是破损的。如图 1-19(a)所示的矩形料,按图示凹模位置上打孔穿钼丝,则凹模是破损的(图 1-19(b));如按图 1-20(a)所示在凸模位置上打孔穿钼丝,则凸模是破损的(图 1-20(b))。总之,无论在何处打孔后穿钼丝再切割,总有一块料是破损的。破损的料虽然可以用其他方法修补,但是其强度和刚度是难以保证的。如果被加工的模具零件超过了线切割机床的加工范围,就要考虑采用铣床铣削加工了(图 1-21)。同样,零件也受到锻造设备或操作方式的限制,被加工的模块也是受到限制的,所加工的零件太大,就要采用如图 1-22 所示的拼装结构的凹模了。

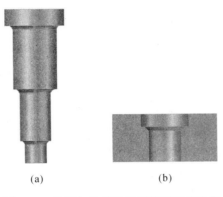

(a)　　　　　　　　　(b)

图 1-14　凸模与凸模固定板装配工艺良好

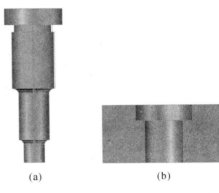

(a)　　　　　　　　　(b)

图 1-15　凸模与凸模固定板装配工艺良好

图 1-16　凸模

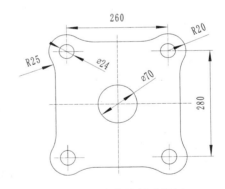

图 1-17　汽车垫板后悬架

图 1-18　落料模的凸模和凹模

13

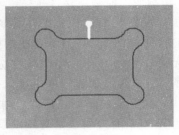
(a) 打孔位置

(b) 破损的凹模

图 1-19　矩形料凹模打孔位置及破损的凹模

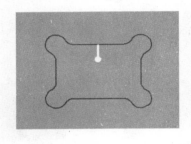
(a) 打孔位置

(b) 破损的凸模

图 1-20　矩形料凸模位置打孔及破损的凸模

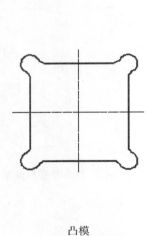
凸模

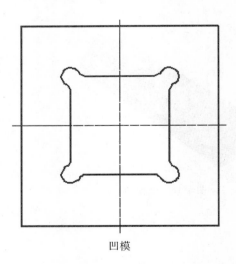
凹模

图 1-21　铣削加工的垫板冲压件的凸、凹模

设计方案二:设计成一副落料冲孔复合模。即落料和冲孔两个工序在一次冲压过程中完成。由于复合模具在冲压生产中具有生产效率高、零件质量好等特点,但是复合模的设计却要受到冲裁件上的孔到边上的距离的影响,因为这与凸凹模壁厚有关。凸凹模指的是:在一副模具中的同一个零件在一次冲压行程中,既要完成凸模的作用又要完成凹模的作用。

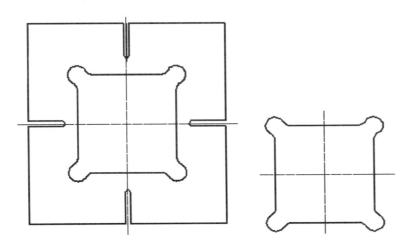

图 1-22　拼装结构的凹模和凸模

如被冲材料厚度一定,孔边距过小时,如果结构设计不合理,或者材料选择不当,都会使模具无法正常工作。因此,在这种情况下,设计者一般不予考虑用复合模而改用其他类型结构的模具或按工序设计不同的模具来完成。表 1-3 给出了料厚一定值时的相应凸凹模壁厚,图 1-23 是汽车垫板后悬架的凸凹模壁厚。

表 1-3　凹凸模的最小值壁厚　　　　　　　　　　　　　　　　　　（mm）

材料厚度 t	最小壁厚 d	最小直径 d	材料厚度 a	最小壁厚 a	最小直径 d	材料厚度 t	最小壁厚 d	最小直径 d
0.9	2.5		2.1	5.0	25	4.5	9.3	35
1.0	2.7	18	2.5	5.8	28	5.0	10.0	40
1.2	3.2		2.75	6.3	32	5.5	12.0	45
1.5	3.8		3.0	6.7				
1.75	4.0	21	3.5	7.8				
2.0	4.9		4.0	8.5				

　　在 $R20mm$ 及 $\phi24mm$ 处孔边距值为 $20-12=8(mm)$,参考表 1-3,冲压件材料厚度为 5.5mm,则凸凹模最小壁厚至少应为 12mm,故此处相差 $12-8=4mm$。同理,踏板支架加强板零件(图 1-24),设料厚 4mm,三只腰子形孔处,材料孔边距为 5mm,欲设计成复合模,与其凸凹模壁厚的规定值相差 3.5mm。实际生产中,此类冲压件是比较多的,如要提高生产效率,降低模具成本,则采用复合模,即落料冲孔一次完成是非常有必要的,但是要在结构设计中能充分考虑凸凹模壁厚问题。

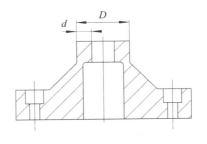

图 1-23　汽车垫板后悬架的凸凹模壁厚

　　如图 1-17 或图 1-24 所示的零件若要设计成落料冲孔复合模,凸凹模结构设计成如图 1-25 所示的直壁形式是完全不行的;即使设计了完整的模具结构(图 1-26),也是不可能工作的。如图 1-27 和图 1-28 所示为此类模具的凸凹模和模具结构设计,将凸凹模与卸料板在相互运动处设计成 45°斜面,以增加凸凹模强度与刚度,刃口高度尽量低,刃口 h 取 $h=t+1,t$ 为材料厚度,模具封闭高度 H 取凸模冲进刃口,凹模冲进凸凹模为 0.5mm,即 $S=t+0.5$ 即可,S 为冲头冲进与凹模洞口内的工作行程。一般凸凹模材料大都选择 T10A,实际生产中,在设计这两副模具的凸凹模时,也选用了材料 T10A,由于凸凹模壁厚大小,加之热处理不当,在凸凹模壁厚处出现了热处理淬火后横向裂纹,后经更换材料 40Cr,硬度 50HRC 左右,装配以后使用,模具工况良好。从理论上讲,凸凹模最小壁厚可参考一定的经验值,但也不是绝对的,或者以做到淬火后不开裂为标准。但实际上受模具结构、材料等多种因素的影响,只要结构合理、模具制造规范及材料选择得当等,(如踏板支架加强板凸凹模用 Cr12),也能够设计成落料冲孔复合模。

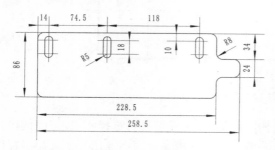

图 1-24　踏板支架加强板

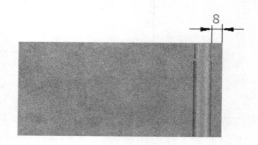

图 1-25　直壁形式的凸凹模

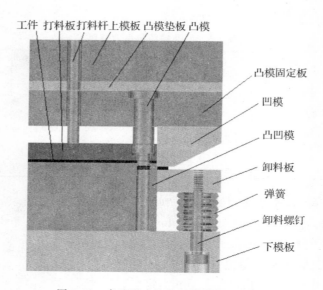

图 1-26　直壁形式的凸凹模结构的模具

　　线切割加工机床主要是针对形状复杂的非圆形的冲压件的落料模的凸模和凹模加工的,但也要考虑到线切割加工机床所能加工的零件的尺寸大小。相对来说,铣床能加工的模具零件的尺寸要比线切割机床要大,但是其修磨及尺寸精度比较难控制。一般用于制造模具中的凸、凹模的材料都要先进行锻造,考

图 1-27　斜面形式的凸凹模

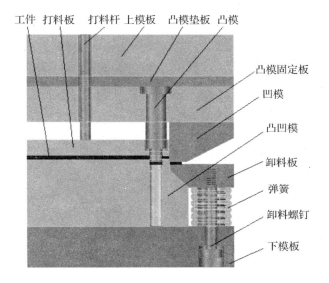

工件　打料板　打料杆　上模板　凸模垫板　凸模

凸模固定板

凹模

凸凹模

卸料板

弹簧

卸料螺钉

下模板

图 1-28　斜面形式的凸凹模的模具

虑到企业锻造设备和机器手或人工操作能力,凸、凹模是整体还是分块设计和制造都要事先考虑好。大部分情况下,锻造能力是按材料的重量计算的。如是手工锻造凸、凹模坯料,则大约是 70kg 左右,机器手可操作锻造的模具材料重量更重一些。如汽车纵梁 U 形件的弯曲模中的凸、凹模坯料,由于此类冲压件或模具尺寸很大,凸、凹模都是进行分块设计制造并镶拼在模板或模座上的(图 1-29)。但并不是模具上所有零件都可采用镶拼的,如上、下模板,压料圈或卸料板等这些零件的设计制造是必须整体式的,如要制造的此类模具零件尺寸过大,则要考虑采用铸件或铸钢整体设计制造。

图 1-29　U 形件的弯曲模中的镶拼凸模

四、模具装配图和零件图设计的基本要求

(一)模具装配图名称

和一般的机械或装置一样,在企业里,设计冲模也需要取一个名称,这样做的目的在于方便识别和使用及管理。取名要直截了当、一目了然,根据这模具的名称就知道这副模具作何用途。事实上,大多数企业并不按照复杂模或简单模或者级进模等这样叫法给模具取名的。因为企业作为一个生产单位,生产的组织或管理者或操作者并不太关心这副模具究竟是复杂模或简单模或者复合模等,所关心的是是否能得到合格的冲压件,究竟是什么样的模具或设计内容是由模具设计者要考虑的事情。企业对模具的取名分下面两种情况:(1)如果企业仅生产一个产品,一般模具的取名按冲压件名称加冲压工序名称,如垫板冲孔模,或垫板冲孔落料复合模,纵梁弯曲模等,模具的图号是冲压件图号加模具图号(或取部分图号)。(2)如果企业生产多个产品,冲模取名一般按产品名称加零件名称再加冲压工序名称取名。如载重车支架冲孔模,载重车纵梁冲孔模,载重车车门框拉深模、轻型车支架冲孔模,轻型车

纵梁冲孔模等。当然,企业还有根据自身要求的取名方式。这里就不一一叙述。模具名称及图号等写在标牌上并装在下模板或上模板上。

(二)模具装配图设计的基本要求

模具装配图是画出冲压工作完成的瞬间各模具零件的装配关系,并能反映出模具的工作原理。装配图若用一张主视图就能表达各零件的装配关系(一般以引出线作为标准),就没有必要画出其余各视图。装配图中要清楚地说明或反映出该模具所要加工的冲压零件,所以不但要画出冲压件工序图,还要说明该冲压件的材料、厚度、零件名称等,这样便于查找所需的模具和设计其他模具时调用该模具上的零件。

模具图纸页码编写要求是:一般情况下,装配图为第1页或第1张,其余按装配图上零件的引出线的序号先后,在零件图上标写相应的页码。如装配图写上的页码为第1页或第1张,则装配图上零件的引出线上的序号为1的,则在零件图上标写页码为第2页等。同样,装配图上零件的引出线上的序号为2的,则在零件图上标写页码为第3页等,以此类推,就不会有凌乱的感觉。

装配图在明细栏中要注明模具名称,装配图号和零件的图号,各零件材料、数量、热处理要求等。装配图中一般没有必要写上技术要求,除非该模具有特殊要求。但模具装配图必须要标注出模具的闭合高度 H,这个尺寸不但是模具设计要求,更重要的是提供给冲压生产时的操作者作为参考调整冲床滑块高度用的。安装模具并在调整时,冲床滑块慢慢下降到模具的闭合高度 H 时,再用压板、垫板、T形螺钉、螺母、垫片分别压紧上模板和下模板。完成压紧工作后,滑块上行,将板料送入下模总成中,接着就可试冲或生产了。如果该尺寸不标出,就会给冲床调整带来困难。设计模具时,模具闭合高度 H 要求是整数。

模具装配中其余尺寸一般不需要标注,但如模具尺寸比较大或是大型模具,长度或宽度就有必要标注。因为这类模具可能要安装在专用的压力机上。

如图1-30所示是垫板冲孔模装配图。在此装配图上清晰地反映出了模具各零件的装配关系,所要冲压的零件或工序,页码,模具闭合高度 H,各模具零件的材料、数量及热处理等基本要求。

如图1-31所示是旋杆压制后的侧切模,其中的119mm,这个尺寸表示模具完成工作的位置。图1-32反映了侧切模调整安装。

(三)模具零件图设计的基本要求

模具零件要完整地表达以下内容:(1)零件图上要非常清楚地表达能够制造出该零件所需要的全部尺寸;(2)结构和各图元的尺寸的公差或偏差及形位公差;(3)所用的模具材料;(4)热处理要求;(5)零件的数量;(6)各表面的粗糙度;(7)必要的技术要求等。如图1-33所示凸模固定板,就是根据上述的几个要求设计而成的。

有些工程软件如CAXA,调入图幅和图框及标题栏后,在标题栏中按要求可直接写入所要表达的内容,如图1-34所示的图幅和图框及标题栏。此时图上的技术要求中的材料如45号钢则填入标题栏中的材料名称这一栏中,就不需要写在技术要求里了,同时页码、页数等也可同样一起写入。

关于模具零件加工的数量,需要说明的是,虽然在模具的装配图中已写明模具零件的数量,但是这只是给模具装配时参考用的,而具体的模具零件的制造加工是根据模具零件图注明的加工数量来加工所需零件的数量的。因为大多数情况下,模具的制造或加工及装配一

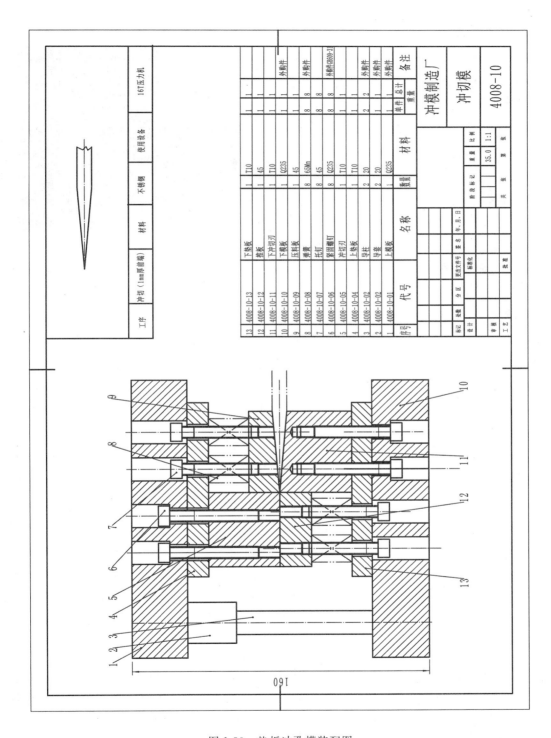

序号	代号	名称	数量	材料	单件	总计	备注
					重量		
13	4008-10-13	下垫板	1	T10	1	1	
12	4008-10-12	堵板	1	45			
11	4008-10-11	下冲切刃	1	T10			
10	4008-10-10	下模板	1	Q235			
9	4008-10-09	压料板	1	45			
8	4008-10-08	弹簧	8	65Mn	8	8	外购件
7	4008-10-07	托钉	8	45	8	8	外购件
6	4008-10-06	紧固螺钉	8	Q235	8	8	外购件GB600-3
5	4008-10-05	上冲切刃	1	T10	1	1	
4	4008-10-04	上垫板	1	T10	1	1	
3	4008-10-03	导柱	2	20	2	2	外购件
2	4008-10-02	导套	2	20	2	2	外购件
1	4008-10-01	上模板	1	Q235	1	1	

工序	材料	使用设备
冲切（1mm厚弹簧）	不锈钢	16T压力机

冲模制造厂
冲切模
4008-10
比例 1:1
重量 35.0

图 1-30　垫板冲孔模装配图

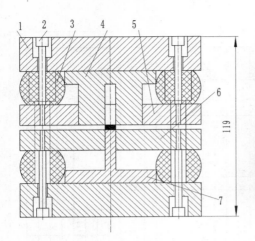

1. 模架　2. 退料螺钉　3. 橡皮　4. 上模决

5. 压料圈　6. 托板　7. 下模决

图 1-31　旋杆压制后侧切模

图 1-32　侧切模调整安装

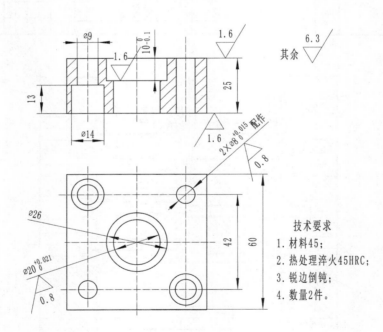

图 1-33　凸模固定板

技术要求

1. 材料45；

2. 热处理淬火45HRC；

3. 锐边倒钝；

4. 数量2件。

其余 ∇ 6.3

般是一组加工人员而不是一位操作人员。模具零件的加工人员是根据零件图上所有的信息去加工的，并不很清楚该模具装配时模具究竟需要多少个该零件。装配时若发现少了所加工或要求的零件数量，就要补做，这会延误模具的制造周期；如果加工了的模具零件超过了所需的数量，就造成了浪费。因为模具或模具零件与所生产的冲压件是一一对应的，同样的冲压件一般不会制成两副或两副以上的相同模具的。

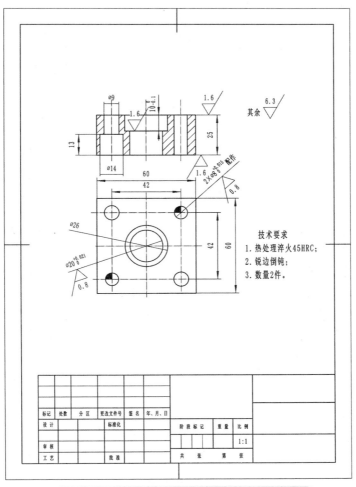

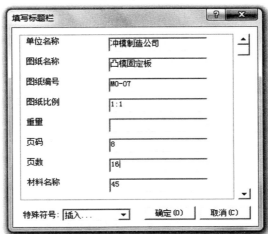

图 1-34　图幅和图框及标题栏

（四）冲压模具零件设计粗糙度的选用原则

一般情况下，模具零件的粗糙的标注还是有一定的基本要求的，粗糙度要求要根据模具零件和加工的机床所能达到的要求，模具不但是作为工艺装备，而且也是一种工业产品，作为工业产品，不但保证结构和构件具有相应的强度；保证结构和构件满足相应变形的要求；保证结构和构件的设计既安全可靠，经济上又是合理优化的。这里要求找出一个既满足规范安全的有关规定，同时也满足经济设计的原则；还要保证结构和构件满足美学的要求，使得所设计的结构和构件美观和谐。因此，不但要考虑其实用性，也尽可能地兼顾其美观性。模具零件的粗糙度的标注可按下面的几点要求标注：(1)相互配合的表面 Ra0.8，如销钉孔，下模板孔与导柱配合的孔，上模板与导套配合的孔等等；(2)与被加工的冲压件接触的表面 Ra0.8；如凸模和凹模与板料接触处的表面，压料圈与板料接触的表面；(3)模具零件与零件接触的表面 Ra1.6；(4)其余不接触表面可采用 Ra6.3 或 Ra12.6。以上都是些基本要求，实际上可再有更高的精度的粗糙度。如一副模具从上至下的各种板或块的表面可均作磨削处理。再如上模板或下模板如是采用灰口铸铁的，上下面一面与模具零件接触的，另一面是与机床工作台接触的，可采用至少 Ra1.6 粗糙度或更高，由于沿周边与周边没有零件接触的，所以周边表面可采用 Ra12.5，如果标注为不加工，则由于零件是铸造的，可能就会不进行去毛刺处理或者毛刺清理的不干净，这样油漆过后整副模具就会看上去非常粗糙，更谈不上美观。事实上，冲压加工虽然对操作者技术要求不高，操作时动作相对简单。计件制的手工操作，对操作者显得十分单调，计件制操作冲压件数量过多，容易导致疲牢而导致冲压事故的发生，粗糙度设计要求过低，模具显得粗糙和破旧，视觉上就更容易产生疲牢和精神上的疲惫。现代模具中各零件可涂刷一些适当的不同的颜色提醒操作者，如上模板或下模板，由于不是直接作用于冲压工作的零件，相对比较安全，可漆成绿色的。导柱不参与导向部分可漆成橙色的，凸模和凹模由于是工作零件，可漆成红色的，红色可起提醒操者注意，是不能将手伸入里面或停留的禁区；压料板可漆成橙色的，表示如果打在手上同样有伤害作用等等。

（五）模具零件尺寸精度和形位公差的选用原则

冲压模具零件设计的尺寸精度一般比冲压件产品的要求高出 1 到 2 级。无论冲压件标注是否自由公差或其他标注形式，一般模具零件的尺寸精度在 IT6-IT8 级范围内，形位公差查询的数据一般也在 IT6-IT8 级范围内。如前所述，模具结构设计制造完成后，最后的结果是通过冲压件合格与否来确定模具合格或不合格，而模具结构是作为一个整体，在制造过程中，可能需要不断反复地试模和修模来完成的，因此，设计模具零件时，并非每一个零件都要标注出形位公差。而且即使每一个零件都标注出形位公差，修模时的意义也不大。

（六）冲压模具与冲床的连接关系

模具与压力机的连接方式一般有压板连接和模柄连接两种方式。

1. 压板连接

中、大型模具工作时，上模总成中的上模板、下模总成中的下模板分别与冲床的工作台和机床滑块采用机床附件中的垫板、压板、压板螺钉、螺母(垫板、压板、压板螺钉及螺母称之为一对)连接，连接时，螺母下放置垫圈。垫板、压板、压板螺钉和螺母属于机床附件，而不属于模具零件。在同一机床上安装不同模具时，大多使用同一批机床附件。如图 1-35 和图 1-36 及图 1-37 所示。

图 1-35　模具与机床的压板连接

图 1-36　模具与机床的压板连接

图 1-37　模具与机床的压板连接

2. 模柄连接

对小型模具采用上模板上的模柄 2 插入冲床滑块的模柄孔中,压紧螺钉 1(必要时加垫圈)穿过与垂直于模柄孔的螺纹孔压紧在模柄孔的斜槽里,将模柄紧压在模柄孔中。下模仍采用压板与压力机工作台连接。模柄连接一般多用于模具吨位比较小的 C 型冲床,且冲床工作台上带有漏料孔的这种冲床,如图 1-38 所示。

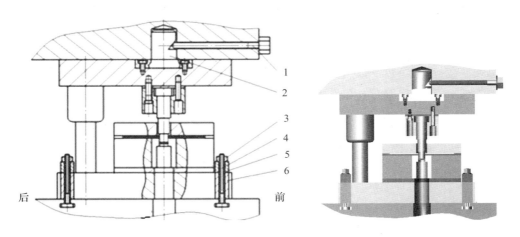

1. 压紧螺钉　2. 模柄　3. 螺母　4. 压紧螺钉　5. 压板　6. 垫板

图 1-38　模柄的连接

　　需要指出的是：如果模柄上不开设斜槽，直接用压紧螺钉压紧模柄圆柱部分，冲压工作时冲床固有的振动会造成上模总成移动或松动甚至脱落，因此，开设斜槽是为了冲压工作更加安全可靠。模具结构比较大或大型模具，模具重量重，一般采用的压力机吨位都比较大，而且滑决都是带有 T 型槽的，所以这种大型模具都以压板方式与冲床连接安装。根据模具的大小，一般至少安装四组及以上，两两各布置在左边和右边的前后位置上。小模具如冲裁钟表一类零件的模具，其上模总成大都与冲床采用模柄方式安装。

第二章　冲裁模设计与制造

冲裁是利用安装在压力机上的模具使板料产生相互分离的冲压工序。包括冲孔、落料、切断、剖切等分离工序，用途极广，既可直接冲出成品零件；又可为弯曲、拉深、成形等工序制备毛坯；也可在已成形的冲压件上进行切口、修边等冲压加工。

第一节　冲裁模工作原理和工作过程

一、冲裁模工作原理

手工裁剪薄板料可采用如图 2-1(a)中的上下剪刀，但这通常必须是手拿住板材。将剪刃变成平刃，同样可采用手工裁剪。但会使裁剪所需的力增大。如果采用机械裁剪，图 2-1(b)上下平剪刃可做成直线或任意形状的曲线，也可以一次剪下板材，如做成封闭的曲线就变成图 2-1(c)的冲孔或落料工序了。模具中的凸模（冲头）和凹模相当于剪刀的两个上下刃。

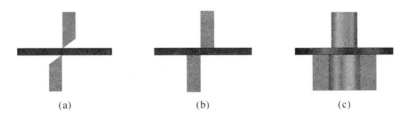

(a)	(b)	(c)

图 2-1　凸模和凹模作用

但仅凭凸模和凹模是无法完成冲裁工作的，与手工拿住板料裁剪板料不同，如果机械裁剪事先不压住板料，板料就要翻翘起来，无法进行裁剪工作，所以，首先要压料圈压住板料，压料圈的一个是作用是在弹性元件（弹簧或橡皮）的配合下先压住板料，还有一个作用是冲裁完成后，将卡在凸模的板料卸下来，设计凸模和压料圈的相对位置时，要求凸模下端面平面比压料圈下平面缩进 0.5～2mm 的高度，目的是保证让压料圈先压住板料，如果将凸模下端面平面和压料圈下平面一样平齐，则会由于加工误差或加工不精确，凸模下端面平面比压料圈下平面伸出一定高度，对冲裁质量不利。因此，冲裁中最重要的是三个零件，凸模（冲头）和凹模及压料圈，其他零件都是在这三个零件的基础上搭建构成一副完整的模具。

二、冲裁模工作过程

冲裁时的工作过程如图 2-2 所示。图 2-2(a)是凸模和压边圈还没有进入工作状态，此时压边圈的压力仅仅是弹性元件的预紧弹力,用 F_t 表示;凸模和压边圈继续下行,压边圈下平面接触板料上平面,但凸模还没有进入板料,冲剪或剪切还没有开始,压边圈的压力还是弹性元件的预紧弹力(图 2-2(b));图 2-2(c)是凸模下行直到凸模下平面与板料上平面接触,而压边圈压住板料不能动,但已受到弹性元件的压力产生了压边力所需的压力,用 F_y 表示;图 2-2(d)压边圈压住板料不动,凸模再下行,而压边圈的压力随弹性元件的压缩,传递给板料的压力逐渐增大,直到凸模冲切到板料下平面的并离板料下平面 0.5~1mm 时往上升,由于板料受到的压力始终向下,凸模往上升的过程中,压边圈并没有脱开板料,而是还是压住板料的。当凸模上升回到图 2-2(c),再从图 2-2(b)位置回到图 2-2(a)时,一个冲裁过程就算完成了。实际冲裁时,由图 2-2(a)经过图 2-2(b)、图 2-2(c)到图 2-2(d)是瞬间完成的。为了使凸模(冲头)和凹模及压边圈顺利地完成冲裁工作,所以要增加其他的模具零件,组成一副完整的一套装置,即冲裁模具。因此,在设计模具结构时,要保证每一个零件都是有着自身功能的,不能有多余的零件,但也不能因为节约成本,省去一些必要的模具零件。根据图 2-2 所示的 3 个主要零件的作用,将全部的零件都设计完成后就可以组成了一副完整的模具。

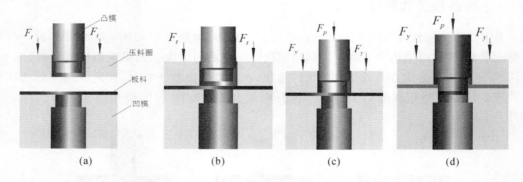

图 2-2　冲裁工作过程

图 2-3 所示的工件(垫板)是在一块矩形板料上冲出相同直径的两个孔,板料牌号为Q235,料厚 2mm。设计的冲孔模结构由上模总成和下模总成组成(图 2-4)。上模总成由上模板 5、导套 6、卸料螺钉 7、弹簧 8、凸模 9、凸模垫板 10、凸模固定板 11、压料圈 12 组成。上模总成通过压板垫板 1、压板 2、T 形压板螺钉 3 及压板螺母 4 将上模总成安装在压力机的上滑块 13 的下表面上并随滑块作上下运动。下模总成由下模板 15、导柱 16、下模垫板 17、凹模垫板 18、凹模 19、凹模固定板 21、定位销 22 组成,下模总成通过压板垫板、压板、T 形压

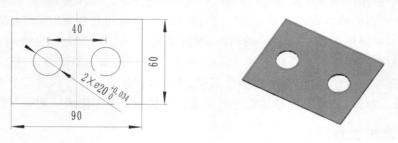

图 2-3　垫板

板螺钉及压板螺母将下模总成安装在压力机的工作台 14 上表面上,上模和下模总成一般在上下模板前后的左右两边压紧。工作时,将被冲孔的矩形板料 20 置于凹模上表面,机床滑块带动上模总成往下运动,压料圈在弹簧力的作用下压住板料,卸料螺钉下表面相对于上模板中的沉孔上平面往上移动,同时导柱进入到导套中进行模具的导向运动,上模总成继续往下运动,由于凸模与凹模都具有与工件轮廓一样形状的锋利刃口,且凸、凹模之间存在一定的间隙,当凸模下降至板料接触时,板料就受到凸、凹模的作用力,凸模继续下压,直到凸模下平面冲穿板料后进入到凹模洞口下约 1mm 左右,板料受剪而互相分离。

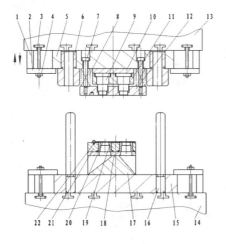

(a) 冲裁前冲孔模具状态   (b) 冲裁前冲孔模具状态三维图

1. 压板垫板 2. 压板 3. T 型压板螺钉 4. 压板螺母 5. 上模板 6. 导套 7. 卸料螺钉 8. 弹簧
9. 凸模 10. 凸模垫板 11. 凸模固定板 12. 压料圈 13. 机床滑块 14. 机床工作台 15. 下模板
16. 导柱 17. 下模垫板 18. 凹模垫板 19. 凹模 20. 矩形板料 21. 凹模固定板 22. 定位销

图 2-4　垫板冲孔前模具状态

　　冲裁下来的圆板废料通过凹模垫板上漏料槽掉落到下模板或工作台上取出,工件在上模总成随机床滑块往上运动时取出,就完成一个冲孔工作过程,冲孔模完成工作状态如图 2-5 所示。板料的分离过程是在瞬间完成的。

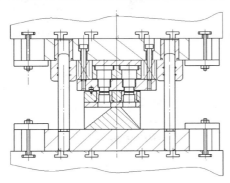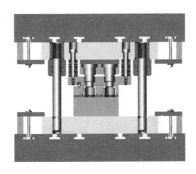

(a) 冲孔模具完成工作时的状态   (b) 冲孔模具完成工作时的状态三维图

图 2-5　垫板冲孔模完成工作时的状态

如前所述，由于压板、压板垫板、T型压板螺钉及压板螺母不属于模具零件，一般属于冲床附件。设计该模具时是不需要设计的。模具所有零件如图 2-6 所示。除凸模、凹模及压料圈外，其余各模具零件作用是：凸模固定板和凹模固定板分别固定圆形凸模和凹模；凸模垫板和凹模垫板分散冲压时对模板的压力；导柱和导套起导向用；上模板固定冲孔时的所有随机床滑块运动的零件，下模板固定静止的零件，定位销起定位毛坯用，弹簧给出卸料所需要的力；卸料螺钉的作用是限制冲孔的距离；下模垫板用于漏料（出料）。

| (a) 上模板 | (b) 导套 | (c) 凸模垫板 | (d) 凸模 |

| (e) 凸模固定板 | (f) 压料圈 | (g) 弹簧 | (h) 卸料螺钉 |

| (i) 下模板 | (j) 导柱 | (k) 凹模 | (l) 凹模固定板 |

| (m) 定位销 | (n) 凹模垫板 | (o) 下模垫板 | (p) 销钉 | (q) 螺钉 |

图 2-6　垫板冲孔模零件

第二节　冲裁模设计基础

一、冲裁时板料的受力分析

如图 2-7 所示,是假设无压边装置冲裁过程中,板料所受外力情况。

其中F_p、F_d——凸、凹模对板料的垂直作用力;

F_1、F_2——凸、凹模对板料的侧压力;

μF_p、μF_d——凸、凹模端面与板材间的摩擦力,其方向与间隙大小有关,但一般指向模具刃口。其中,μ 是摩擦因数,下同。

μF_1、μF_2——凸、凹模侧面与板材间的摩擦力。

凸模下行与板料上平面接触时,材料就受到凸、凹模端面的压力 F_p 和 F_d,使作用力点(凸模、凹模刃口处)间的材料产生剪切变形。由于有间隙 Z 存在,F_p 和 F_d 不在同一垂直线上,故材料受力有弯矩 $M \approx F_d \dfrac{Z}{2}$,由于 M 使材料翘曲(穹弯),材料向凸模侧面靠近,凸模端面下的材料被强迫压进凹模,故材料受模具的横向侧压力 F_1、F_2 作用,产生横向挤压变形。此外,材料在模具和侧面还受有摩擦力 μF_p、μF_d、μF_1、μF_2 作用。必需指出的是,由于材料翘曲,凸、凹模与材料仅在刃口附近的狭小区域内接触,F_p 和 F_d 在接触面上呈不均匀分布。随着向刃尖靠近而急剧增大。侧压力 F_1、F_2 也呈不均匀分布。摩擦力 μF_p、μF_d 的方向与间隙大小有关,间隙很小时,与模具接触的材料均向远离刃尖的方向移动,此时摩擦力的方向均指向刃尖。当间隙很大或刃口磨钝时,材料被拉入凹模,摩擦力的方向均背向刃尖。通常将 μF_p 和 μF_d 的方向看作指向刃尖比较恰当。μF_1、μF_2 均指向刃尖是很明显的。

由于有间隙 Z 存在,剪切面发生偏转,由图 2-7 可见,剪切面与 F_d 间的夹角为 θ,F_d 在剪切面上的分力为 $F_d\cos\theta$,在剪切面的法向上的分力为 $F_d\sin\theta$,即剪切面上除了剪切力外,

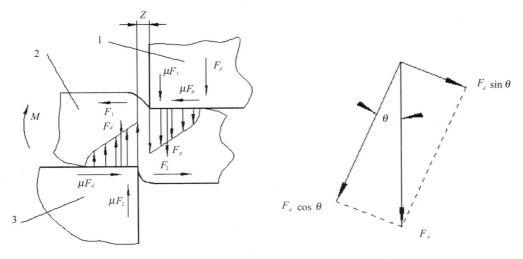

1. 凸模　2. 板料　3. 凹模

图 2-7　冲裁时作用于板料的力

还有拉力作用,间隙 Z 大,夹角 θ 大,则拉力大,剪力小,间隙 Z 小,则剪力大,拉力小。

综上所述分析可知,冲裁时由于有间隙存在,材料受有垂直方向的压力、剪切力、横向挤压力、弯矩和拉力。冲裁变形并非纯剪过程,除主要的剪切变形外,还要产生弯曲、拉伸、挤压等附加变形。

冲裁中,板材的变形是在以凸模与凹模刃口连接为中心而形成的纺锤形区域内最大,如图 2-8(a)所示,即从模具刃口向板料中心,变形区逐步扩大。凸模挤入材料一定深度后,变形区也同样可以按纺锤形区域来考虑,但变形区被在此以前已经变形并加工硬化了的区域所包围(图 2-8(b))。

由于冲裁时板材弯曲的影响,其变形区的应力状态是复杂的,且与变形过程有关。图 2-9 所示为无卸料板压紧材料的冲裁过程中塑性变形阶段变形区的应力状态,其中:

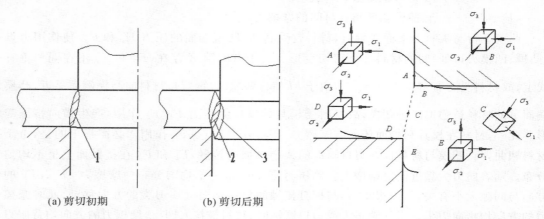

(a) 剪切初期　　　　　　(b) 剪切后期

1. 纺锤形变形区　2. 变形区　3. 已变形区
图 2-8　剪切形成的纺锤形区域

图 2-9　冲裁件应力状态

A 点(凸模侧面)——σ_1 为板材弯曲与凸模侧压力引起的径向压应力,切向应力 σ_2 为板材弯曲引起的压应力与侧压力引起的拉应力的合成应力,σ_3 为凸模下压引起的轴向拉应力。

B 点(凸模端面)——凸模下压及板材弯曲引起的三向压缩压力。

C 点(切割区中部)——σ_1 为板材受拉伸而产生的拉应力,σ_3 为板材受挤压而产生的压应力。

D 点(凹模端面)——σ_1、σ_2 分别为板材弯曲引起的径向拉应力和切向拉应力,σ_3 为凹模挤压板材产生的轴向压应力。

E 点(凹模侧面)——σ_1、σ_2 为由板材弯曲引起的拉应力与凹模侧压力引起的压应力合成产生的应力,该合成应力空间是拉应力还是压应力,与间隙大小有关,σ_3 为凸模下压引起的轴向拉应力。

二、冲裁过程的弹塑性变化

从凸模接触材料到材料被一分为二的分离过程,即板料的冲裁变形过程,是在瞬间完成的。整个冲裁变形分离过程大致可分为 3 个阶段,见图 2-10。

(一)弹性变形阶段

冲裁开始时,即从凸模下平面与板料上平面接触的时候开始,板料在凸模的压力和弯矩

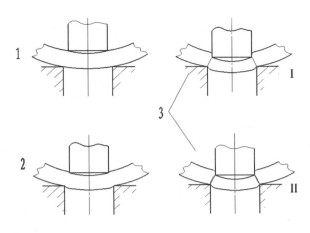

1. 弹性变形阶段　2. 塑性变形阶段　3. 断裂分离阶段
图 2-10　冲裁过程的弹塑性变化

的作用下,材料开始产生弹性剪切、压缩、弯曲、拉伸和挤压变形,材料稍有穿弯,随着凸、凹模刃口继续压入,板料底面相应部分材料略挤入凹模孔口内。板料与凸、凹模接触处形成很小的圆角。由于凸、凹模之间的间隙存在,使板料同时受到弯曲和拉伸的作用,刃口处的材料所受的应力逐渐增大,直至达到弹性极限,凸模下的板料产生弯曲,位于凹模上的板料开始上翘,间隙越大,弯曲和上翘越严重。此时若使凸模回升,材料就可恢复原状。

(二)塑性变形阶段

凸模继续下降,载荷增加,刃口处由于应力集中,材料内部应力首先达到屈服极限,塑性变形便从刃口附近开始,凸模挤入板料,并将下部材料挤入凹模孔内,板料在凸、凹模刃口附近产生塑性剪切变形,形成光亮的剪切断面。在剪切面的边缘,由于凸、凹模间隙存在而引起的弯曲和拉伸的作用,形成圆角。随着凸、凹模切刃的挤入,纺锤变形区向板材的深度方向发展、扩大,应力也随之增加,变形区材料的硬化加剧,冲裁力不断增大,直至刃口附近的材料出现微裂纹时,这就意味着破坏开始,材料达到极限应变与应力值,冲裁力达到最大值,塑性变形阶段结束。该阶段中,除产生大的剪切变形外,弯曲、拉伸和挤压变形也更严重。间隙越大,弯曲、拉伸越大,而挤压变形则小,间隙越小,弯曲、拉伸越小,挤压变形则大。

(三)断裂分离阶段

凸模继续压入,凸、凹模刃口附近产生的微裂纹不断向材板内部扩展,若间隙合理,上、下裂纹则相遇重合,材料便被剪断分离。由于拉断的结果,断面上形成一个粗糙的区域。当凸模再下行,冲落部分将克服摩擦阻力从板材中推出,全部挤入凹模洞口,冲裁过程到此结束。

三、冲裁断面质量分析

(一)断面特征

由于冲裁变形的特点,使冲出的工作断面与板材上下平面并不完全垂直,粗糙而不光滑。冲裁断面可明显地分成 4 个特征区,圆角带 a、光亮带 b、断裂带 c 和毛刺带 d(图 2-11)。

圆角带 a　这个区域是光滑的圆弧带,其形成主要是当凸模下降,刃口刚压入板料时,刃口附近产生弯曲和伸长变形,刃口附近的材料被牵连拉入进模具间隙的变形结果。

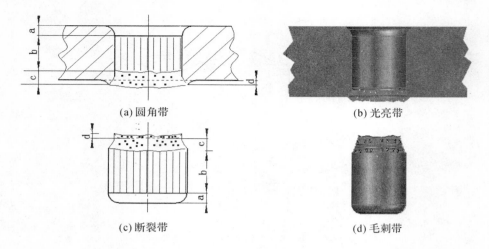

(a) 圆角带　　　　　　　　　　　(b) 光亮带

(c) 断裂带　　　　　　　　　　　(d) 毛刺带

a 圆角带　b 光亮带　c 断裂带　d 毛刺带

图 2-11　冲裁区断面情况

光亮带 b　这个区域表面光滑，表面质量最佳。其产生在塑性变形阶段。主要是由于金属板料产生塑性剪切变形时，材料在和模具侧面接触中被模具侧面挤光而形成的光亮垂直的断面。通常占全断面的 1/2～1/3。

断裂带 c　这个区域表面粗糙，并略带有斜度。是由刃口处的微裂纹在拉应力的作用下，不断扩展而形成的撕裂面。

毛刺带 d　冲裁毛刺是在出现微裂纹时形成的，由于在塑性变形阶段后期，凸模和凹模的刃口切入被加工材料一定深度时，刃口正面材料被压缩，刃尖部分为高静水压应力状态，使裂纹起点不会在刃尖处发生，而是在模具侧面距刃尖不远的地方发生，在拉应力作用下，裂纹加长，材料断裂而产生毛刺。裂纹的产生点和刃口尖的距离成为毛刺的高度。在普通冲裁中毛刺是不可避免的。

（二）影响断面质量的因素

冲裁件的 4 个特征区域的大小和在断面上所占的比例大小并非一成不变，而是随着材料的力学性能、模具间隙、刃口状态等条件的不同而变化。

1. 材料力学性能的影响

塑性好的材料，冲裁时裂纹出现得较迟，材料被剪切的深度较大，所得断面光亮带所占的比例就大，圆角也大，毛刺和穿弯也较大。而断裂带也窄一些。而塑性差的材料，容易拉裂，材料被剪切不久就出现裂纹，使断面光亮带所占的比例小，圆角小，大部分是粗糙的断裂面。

2. 模具间隙的影响

在影响冲裁件质量诸多因素中，间隙是主要因素。因断面质量与裂纹的走向有关，而裂纹走向与间隙有关。间隙大小关系剪切时附加变形的大小，决定着在凸、凹模刃口附近板料产生的上下裂纹是否重合。当凸、凹模间隙合适时，凸、凹模刃口附近沿最大应力方向产生的裂纹在冲裁过程中能会合成一条线，此时尽管断面与材料表面不垂直，但还是比较平直、光滑，毛刺较小，制作的断面质量较好（图 2-12(b)）。

当间隙过小时，凸模刃口附近的剪裂纹比正常间隙向外错开一段距离，上、下裂纹中间的材料随着冲裁将被第二次剪切,并在断面上形成第二个光亮带,在两个光亮带之间形成断裂带(图 2-12(a)),或者呈现断续小光斑,部分材料被挤出材料表面形成高而薄的毛刺。这种毛刺比较容易去除,由于间隙小,弯曲、拉伸小,裂纹产生迟,光亮带变窄,且零件穹弯小、塌角、断面斜度和圆角小,只要中间撕裂不是很深,仍可应用。

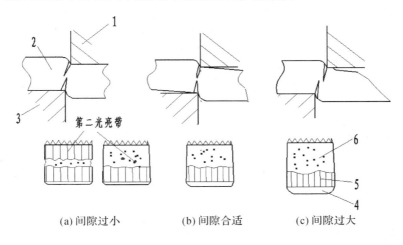

(a)间隙过小　　　(b)间隙合适　　　(c)间隙过大

1. 凸模　2. 板料　3. 凹模　4. 圆角带　5. 光亮带　6. 断裂带

图 2-12　间隙大小对工件断面质量的影响

当间隙过大时,凸模刃口附近的剪裂纹比正常间隙向里错开一段距离,材料受到很大的弯曲和拉伸,接近于胀形破裂状态,塑性变形阶段较早结束,容易产生剪裂纹,使光亮带所占比例减小。毛刺、圆角、斜度都增大,如图 2-12(c)所示。且在光亮带形成以前,材料已发生较大的塌角。材料在凸、凹模刃口处产生的裂纹会错开一段距离而产生二次拉裂。第二次拉裂产生的断裂层斜度增大,断面的垂直度差,毛刺大而厚,难以去除,而剪裂带、塌角、翘曲现象也比较显著,使冲裁件断面质量下降。

3. 模具刃口钝利情况的影响

模具刃口钝利状态对冲裁过程中应力状态和冲裁件断面有较大的影响。模具刃口越锋利,拉力越集中,毛刺越小。当刃口磨成圆角变钝时,刃口与材料接触的面积增加,应力集中效应减轻,挤压作用明显,延缓了剪裂纹的产生,制件圆角大,光亮带变宽,但剪裂纹发生点要由刃口侧面向上移动,毛刺高度增大,如果间隙合理,亦会有毛刺产生。凸模磨钝,落料件产生毛刺,凹模磨钝,冲孔件产生毛刺,如果凸、凹模刃口都磨钝,则落料件与冲孔件都出现毛刺。

4. 模具和设备情况的影响

压力机滑块导向精确可靠,模具导向装置具有较高的精度,则可保证冲裁时间隙合理,冲裁件断面质量就好。此外,断面质量还与模具结构、冲裁件轮廓形状、刃口的摩擦条件等有关。

(三)提高断面质量的措施

提高冲裁件的断面质量,可通过增加光亮带的高度或采用整修工序来实现。增加光亮带高度的关键是塑性变形阶段,推迟裂纹的产生,这就要求材料的塑性要好,对硬质材料要及时进行退火,要求材质均匀化;同时要选择合理的模具间隙值,并使间隙均匀分布,保持模具刃口锋利;要求光滑断面的部位要与板材轧制方向成直角,或者在冲孔或落料时背部增加托板,都是能提高断面质量的工艺方法(图 2-13)。

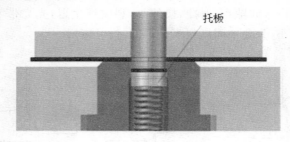

图 2-13 增加托板

四、冲裁间隙

冲裁间隙是指凸模与凹模刃口尺寸之差之间隙的距离。用符号 C 或 Z 表示单面间隙或双面间隙。如规则零件冲圆形孔的凸模与凹模间隙(图 2-14),$2C = D - d$;$C = \dfrac{D - d}{2}$,或者 $Z = D - d$;非规则形状冲裁模的凸模与凹模间隙如图 2-15,一般在图纸上直接标注沿周或沿轮廓线单面间隙 C 多少后,采用线切割机床加工是很方便的。设计模具时,视查阅的模具设计手册给出是单面间隙 C 还是双面间隙 Z 再进行相应的计算或设计。间隙对冲裁件质量、冲模寿命等影响很大,是冲裁工艺与模具设计中的一个重要参数。

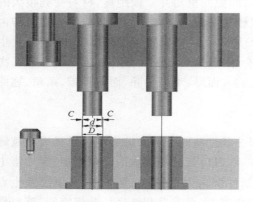

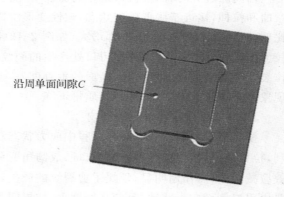

沿周单面间隙 C

图 2-14 规则零件的冲裁凸模和凹模间隙   图 2-15 非规则零件的冲裁凸模和凹模间隙

(一)间隙对冲裁件质量的影响

冲裁件质量包括冲裁件质量、尺寸精度和弯曲度三个方面。现分别讨论间隙对这三个方面的影响。

1. 间隙对冲裁件质量的影响

冲裁件的质量主要是指冲裁件的断面质量,尺寸精度和形状误差。由上节分析,影响断面质量的因素有:材料性能、模具的凸、凹模间隙值及其分布的均匀性,模具刃口钝利程度、模具结构和制造精度及设备的情况等。其中模具间隙大小及其分布的均匀程度是影响断面质量的主要因素,提高断面质量的关键在于推迟裂纹的产生,以增大光亮带,其主要途径就是减小间隙。

2. 间隙对尺寸精度的影响

冲裁件的尺寸精度是指冲裁件的实际尺寸与基本尺寸的差值δ。差值δ愈小，精度愈高。这个差值包含两个方面的偏差，一是冲裁件相对凸模或对凹模尺寸的偏差，二是模具本身的制造偏差。在模具制造精度一定的前提下，冲裁件与凸、凹模尺寸产生偏差的原因是：工件从凹模推出（落料件）或从凸模卸下，冲出的孔径大于凸模尺寸（图2-16和图2-17）。但工件弯曲的弹性恢复方向与以上相反，故偏差值是两者的综合结果。

当间隙较小时，材料的侧向挤压变形大，冲裁后，弹性恢复使落料件外径扩散，使冲出的孔径收缩，结果落料件尺寸大于凹模尺寸，冲孔孔径小于凸模直径（图2-16和图2-17）。此外，尺寸的变化还与材料性质、厚度、轧制方向等因素有关。

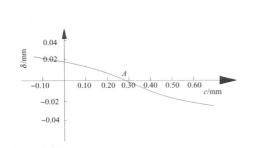

图 2-16　间隙对落料件尺寸的影响

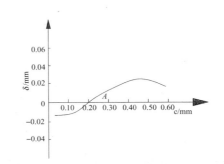

图 2-17　间隙对冲孔件尺寸的影响

3. 间隙对弯曲度（h）的影响

间隙对弯曲的影响如图2-18所示。通常间隙愈大，弯曲愈严重。为了减小弯曲度，可在模具上加压料板，或在凸模下面加反向压板。当冲压件平整要求高时，须另外校平工序。

（二）间隙对模具寿命的影响

冲裁模的失效形式一般有：刃口磨损、压塌、崩刃、凸模折断、凹模胀裂等，其中刃口磨损属于正常失效。因此，模具寿命以冲出合格制品的冲裁次数来衡量，分两次刃磨的寿命与全部磨损后的总寿命。

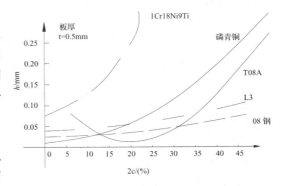

图 2-18　间隙对弯曲的影响

凸模、凹模刃口磨钝后，会使冲裁件的毛刺增大，尺寸精度和断面质量下降，还会增加冲裁能量。当刃口磨损到一定程度后，冲裁模就不能正常工作，这时必须刃磨，或更换模具零件，甚至模具报废。

冲裁时，凸、凹模上受到被冲材料的反作用力，其方向与图2-7所示的相反。由于材料与模具实际接触面积很小，故接触面上的单位压力极高。在高压作用下，加上材料的塑性流动的滑动，刃口的端面和侧面就会发生附着磨损。图2-19所示为经过不同冲裁次数后刃口磨损的情况。

间隙主要对模具的磨损和胀裂有影响。当模具间隙减小时，接触面上的单位作用力增

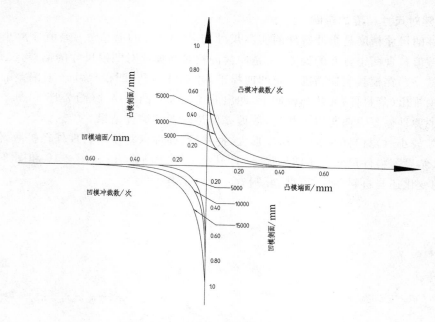

图 2-19　刃口磨损形状变化

大,刃口磨损也就加剧。同时,间隙小时,由于静水压力增高,光亮带增大,刃口与材料的摩擦距离增长,这也增加了刃口的磨损量。另外间隙过小时,落料件或废料往往堵塞在凹模洞口,导致凹模胀裂。因此过小的间隙对模具寿命极为不利,为了提高模具的寿命,在不影响加工工件质量的前提下,可适当采用大的间隙。大量生产实践表明,采用大间隙,可以大幅度提高模具寿命,一般可比小间隙时提高 2～3 倍,经济效益十分显著。

除了适当采用大间隙外,还可采取下面的措施来提高模具寿命:增加凸模的硬度;提高刃口表面粗糙度;增设压料板;提高模具导向精度和装配精度;改善润滑条件等。

(三)间隙对冲裁力的影响

间隙愈小,冲裁变形区的静水压力愈高,材料的变形抗力愈大,冲裁力也就愈大,反之,当间隙增大时,冲裁变形区的静水压力减小,材料的变形抗力降低,冲裁力也就减小,但减小的数值不大,单面间隙为$(0.05～0.20)t$ 时,冲裁力降低不超过 5%～10%。因此可以认为,正常间隙下,间隙对冲裁力影响不大。

但间隙对卸料力、推件力、顶件力的影响比较显著。随着间隙增大,这些力明显降低,当单面间隙为$(0.15～0.20)t$ 时,卸料力几乎为零。

(四)合理间隙的确定

综上所述,冲裁间隙对冲裁件质量、模具寿命、卸料力等都有很大影响,但影响规律不同,不可能存在一个间隙同时满足工作质量、模具寿命和冲裁力的要求。实际生产中,间隙的选择主要考虑冲裁断面的质量和模具寿命这两个方面,同时考虑到模具制造中的偏差及使用中的磨损,通常选择一个合适的间隙范围,只要在这个范围内就可冲出良好的冲裁件。这个间隙范围称为合理间隙,其最小值称为最小合理间隙(C_{min} 或对双面间隙 $Z_{min}/2$),最大值称为最大合理间隙(C_{max} 或对双面间隙 $Z_{max}/2$)。考虑到模具的磨损会使间隙增大,设计和制造新模具时要采用最小合理间隙值,确定合理间隙的方法通常有两种。

1. 理论确定法

理论确定法的依据是保证裂纹重合，以获得良好的冲裁断面。图 2-20 是冲裁过程中开始产生裂纹的瞬时状态。

从图中 $\triangle ABD$ 可求得间隙 c：

$$c=(t-h_0)\tan\beta=t(1-h_0/t)\tan\beta \qquad (2-1)$$

式中　　t——板料厚度；

　　　h_0/t——产生裂纹时凸模的相对压入深度；

　　　β——裂纹与重线间的夹角。

h_0/t 与 β 值见表 2-1。

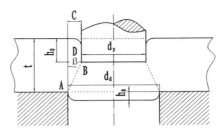

图 2-20　冲裁过程中产生裂纹的瞬时状态

表 2-1　h_0/t 与 β 值

材　料	h_0/t		$\beta(°)$	
	退火	硬化	退火	硬化
软钢、紫铜、软黄铜	0.5	0.35	6	5
中硬钢、硬黄铜	0.3	0.2	5	4
硬钢、硬青铜	0.2	0.1	4	4

从分析式（2-1）和表 2-1 中的数据可以知道，影响合理间隙的因素主要是材料性质和厚度。材料愈厚愈硬，合理间隙值愈大。一般企业冲压生产并不采用公式法计算间隙，而采用下面所讲的查表选取法。

2. 查表选取法

由于理论计算法使用不方便，所以实际常用的是图表数据。在无线电、仪表、精密机械中，对冲裁件尺寸精度和断面质量要求较高的，可采用表 2-2 所列的较小间隙值；而汽车、农机及日用五金等，由于对冲裁件精度要求不高，可采用表 2-3 所列的较大间隙值。这里的初始间隙即最小合理间隙，初始间隙的最大值是考虑到凸、凹模制造公差所增加的数值。

表 2-2　冲裁模初始单面间隙（C）

t/mm	软　铝		紫铜、黄铜、软铜 $w_c^1=(0.08\sim0.2)\%$		杜拉铝、中硬钢 $w_c=(0.3\sim0.4)\%c$		硬钢 $w_c=(0.5\sim0.6)\%c$	
	C_{min}/mm	C_{max}/mm	C_{min}/mm	C_{max}/mm	C_{min}/mm	C_{max}/mm	C_{min}/mm	C_{max}/mm
0.2	0.04	0.006	0.005	0.007	0.006	0.008	0.007	0.009
0.5	0.010	0.015	0.12	0.017	0.015	0.020	0.018	0.022
0.8	0.016	0.024	0.020	0.028	0.024	0.032	0.028	0.036
1.0	0.020	0.030	0.025	0.035	0.030	0.040	0.035	0.045
1.2	0.025	0.042	0.036	0.048	0.042	0.054	0.048	0.060
1.5	0.038	0.052	0.045	0.060	0.052	0.068	0.060	0.075
1.8	0.045	0.063	0.054	0.072	0.063	0.081	0.072	0.090
2.0	0.050	0.070	0.060	0.080	0.070	0.090	0.080	0.100
2.5	0.075	0.100	0.088	0.112	0.100	0.125	0.112	0.138
3.0	0.090	0.120	0.105	0.135	0.120	0.150	0.135	0.165

注：①w_c 为碳的分子质量，用其表示钢中的含碳量。

表 2-3　冲裁模初始单面间隙（C）

t/mm	08、10、35、09Mn2、Q235		16Mn		40、50		65 Mn	
	C_{min}/mm	C_{max}/mm	C_{min}/mm	C_{max}/mm	C_{min}/mm	C_{max}/mm	C_{min}/mm	C_{max}/mm
0.5	0.020	0.030	0.020	0.030	0.020	0.030	0.020	0.030
0.8	0.036	0.052	0.036	0.052	0.036	0.052	0.032	0.046
1.0	0.050	0.070	0.050	0.070	0.050	0.070	0.045	0.063
1.2	0.063	0.090	0.066	0.090	0.066	0.090		
1.5	0.066	0.120	0.085	0.120	0.085	0.120		
2.0	0.123	0.180	0.0130	0.190	0.130	0.190		
2.5	0.180	0.250	0.160	0.270	0.190	0.270		
3.0	0.230	0.320	0.240	0.330	0.240	0.330		
3.5	0.270	0.370	0.290	0.390	0.290	0.390		
4.0	0.320	0.440	0.340	0.460	0.340	0.460		
4.5	0.360	0.500	0.340	0.480	0.390	0.520		
5.5	0.470	0.640	0.390	0.550	0.490	0.660		
6.0	0.540	0.720	0.420	0.600	0.570	0.750		

注：冲裁皮革，石棉和纸棉时，间隙取 08 号钢的 25%。

　　如果板厚和表中的数据不一致，则可采用插值法。如板厚 1.3mm，材料 Q235，则表 2-3 中没有相应的冲裁初始单面间隙，但查表后得知，板厚 1.3mm 介于 1.2mm 和 1.5mm 之间，用插值法可用图 2-21 求得为：板厚 1.3mm 的间隙值：$C_{min}=0.064$mm；$C_{max}=0.10$mm。

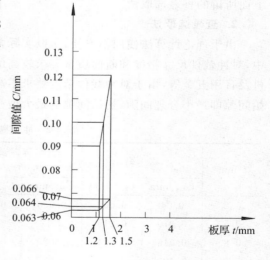

图 2-21　间隙值求解

五、冲裁模刃口尺寸的计算

（一）尺寸计算原则

　　模具的刃口尺寸和公差，直接影响到冲裁件的尺寸精度，合理间隙也要靠它来保证。因此，正确地计算模具的刃口尺寸和公差是模具设计中的一项十分重要的工作。在计算刃口尺寸和公差时，应遵循一定的原则。

　　（1）考虑到落料件的尺寸取决于凹模尺寸，而冲孔件的尺寸取决于凸模尺寸，故设计落料模时，应以凹模为基准，间隙留在凸模上；设计冲孔模时，应以凸模为基准，间隙留在凹模上。

　　（2）考虑到磨损会使凹模尺寸增大，凸模尺寸减小，为保证模具的寿命，落料凹模的基本尺寸应取靠近或等于工作的最小极限尺寸；冲孔凸模的基本尺寸应取靠近或等于工件的最大极限尺寸，并采用最小合理间隙值。

（3）选择刃口的制造公差时，应保证工件的精度和合理间隙的要求，同时要便于模具制造。刃口公差过大，则冲出的工件可能不合格，或不能保证合理间隙；刃口公差过小，则模具制造困难并使模具成本增加。模具精度与冲裁件精度的关系见表2-4。若工件尺寸没有标注公差，则按未注公差 IT14 级来处理，而模具则按 IT11 级制造（对非圆形件），或按 IT6～7级制造（对圆形件）。

表 2-4　模具精度与冲裁件精度的关系

工件精度 \ 料厚 t/mm 模具精度	0.5	0.8	1.0	1.5	2	3	4	5
IT6～7	IT8	IT8	IT9	IT10	IT10	—	—	—
IT7～8	—	IT9	IT10	IT10	IT12	IT12	IT12	—
IT9	—	—	—	IT12	IT12	IT12	IT12	IT12

（二）凸模与凹模刃口尺寸的计算方法

按模具的凸模与凹模加工方法的不同，刃口尺寸的计算方法也不同，一般分为两种。

1. 凸模与凹模分开加工法

分开加工是指凸模与凹模分别按各自的图纸单独加工，模具间隙靠加工出的尺寸保证。因此，要分别计算和标注出凸模、凹模的尺寸和公差。此法适用于圆形或形状简单（如方形或矩形）的工件。

（1）落料模　设落料件尺寸 $D^0_{-\Delta}$，根据上述原则，先确定基准件凹模尺寸 D_d，再减去 $C_{\min}$。刃口部分各尺寸关联图如图 2-22(a) 所示。

落料模的刃口尺寸计算公式如下：

$$D_d = (D-x\Delta)^{+\delta_d}_0 \tag{2-2}$$

$$D_p = (D_d - 2C_{\min})^0_{-\delta_p} = (D - x\Delta - 2C_{\min})^0_{-\delta_p} \tag{2-3}$$

（2）冲孔模　设冲孔尺寸为 $d^{+\Delta}_0$。根据上述计算原则，先确定基准件凸模尺寸 d_p，再加上 $C_{\min}$。刃口部分各尺寸关联图如图 2-22(b) 所示。

冲孔模的刃口尺寸计算公式如下：

$$d_p = (d+x\Delta)^0_{-\delta_p} \tag{2-4}$$

$$d_d = (d_p + 2C_{\min})^{+\delta_d}_0 = (d + x\Delta + 2C_{\min})^{+\delta_d}_0 \tag{2-5}$$

式（2-2）～式（2-5）中的符号意义：

D_p、D_d——分别为落料凸模与凹模的刃口尺寸（mm）；

d_p、d_d——分别为冲孔凸模与凹模的刃口尺寸（mm）；

D、d——分别为落料件外径和冲孔件孔径的基本尺寸（mm）；

δ_p、δ_d——分别为凸模与凹模的制造公差（mm），见表 2-5；

Δ——工件的公差（mm）；

$C_{\min}$——最小合理单面间隙（mm）；

x——公差带偏移系数，目的是为了避免多数冲裁件都偏向极限尺寸。x 值在 0.5～1之间，与工件精度有关。

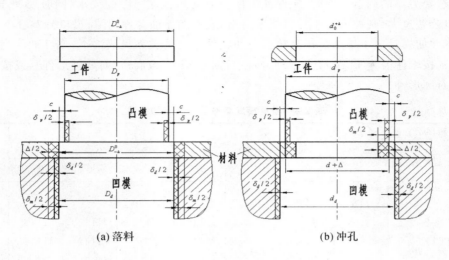

图 2-22　落料和冲孔的刃口部分各尺寸关联图

公差带偏移系数 x 可查表 2-6,或按下列关系取:工件精度 IT10 以上,$x=1$

工件精度 IT11~13,$x=0.75$　工件精度 I T14,$x=0.5$

为了保证合理间隙,模具制造公差必须满足下列条件:

$$|\delta_p| + |\delta_d| \leqslant 2(C_{max} - C_{min}) \tag{2-6}$$

或取

$$\delta_p = 0.8(C_{max} - C_{min})$$

$$\delta_d = 1.2(C_{max} - C_{min})$$

但 δ_p、δ_d 不小于 0.01mm。

凸、凹模分开加工的优点是:凸、凹模具有互换性,便于模具成批加工,缺点是:为了保证合理间隙,需要较高的模具制造公差等级,模具制造比较困难。

表 2-5　规则形状(圆形、方形)冲裁凸模、凹模极限偏差

基本尺寸/mm	δ_p/mm	δ_d/mm	基本尺寸/mm	δ_p/mm	δ_d/mm
≤18	−0.020	+0.020	>180~260	−0.030	+0.045
>18~30	−0.020	+0.025	>260~360	−0.035	+0.050
>30~80	−0.020	+0.030	>360~500	−0.040	+0.060
>80~120	−0.025	+0.035	>500	−0.050	+0.070
>120~180	−0.030	+0.040			

表 2-6　公差带偏移系数 x

t/mm	非 圆 形			圆 形	
	1	0.75	0.5	0.75	0.5
	Δ/mm				
1	<0.16	0.17~0.35	≥0.36	<0.16	≥0.16
1~2	<0.20	0.21~0.41	≥0.42	<0.20	≥0.20
2~4	<0.24	0.25~0.49	≥0.50	<0.24	≥0.24
>4	<0.30	0.31~0.59	≥0.60	<0.30	≥0.30

例题 2-1 如图 2-23 所示垫圈，材料为 $Q235$ 钢，料厚 $t=2$mm，外圆由落料制成，内圆由冲孔制成，试确定冲孔模和落料模的刃口直径。

由表 2-3 查出：

$$C_{\max}=0.18\text{mm}, \quad C_{\min}=0.123\text{mm}$$

$$2(C_{\max}-C_{\min})=2(0.18-0.123)=0.114\text{mm}$$

由表 2-5 查出凸、凹模制造公差：

落料部分：$\delta_d=0.03$mm，$\delta_p=0.02$mm

$$|\delta_p|+|\delta_d|=0.05\text{mm}<2(C_{\max}-C_{\min})$$

冲孔部分：$\delta_d=0.02$mm，$\delta_p=0.02$mm

$$|\delta_p|+|\delta_d|=0.04\text{mm}<2(C_{\max}-C_{\min})$$

说明：为保证合理间隙，δ_p、δ_d 选取合适。

由表 2-6 查出，$x=0.5$

所以落料模的刃口直径：

$$D_d=(D-x\Delta)_0^{+\delta_d}=(36-0.5\times0.34)_0^{+0.03}=35.83_0^{+0.03}\text{mm}$$

$$D_p=(D_d-2C_{\min})_{-\delta_p}^0=(35.83-2\times0.123)_{-0.02}^0=35.58_{-0.02}^0\text{mm}$$

冲孔模的刃口直径：

$$d_p=(d+x\Delta)_{-\delta_p}^0=(16+0.5\times0.24)_{-0.02}^0=16.12_{-0.02}^0$$

$$d_d=(d_p+2C_{\min})_0^{+\delta_d}=(16.12+2\times0.123)_0^{+0.02}=16.37_0^{+0.02}\text{mm}$$

设计模具时，无论模具采用何种结构形式，尺寸 $\phi35.83_0^{+0.03}$mm，$\phi35.58_{-0.02}^0$mm，$\phi16.12_{-0.02}^0$mm，$\phi16.37_0^{+0.02}$mm 一定要通过计算所得分别标注在凸、凹模的设计图纸上（见图 2-24，图 2-25）。凸、凹模结构及其余尺寸等都可由模具手册查得。

当冲裁件上要冲制孔的尺寸标注为 $d_0^{+\Delta}$。可直接按式(2-4)和式(2-5)计算公式计算 d_p 和 d_d。如果冲孔件尺寸不是按 $d_0^{+\Delta}$，则要进行换算到 $d_0^{+\Delta}$，再按(2-4)和式(2-5)计算公式计算 d_p 和 d_d。如冲孔件尺寸标注为 $d_{-\Delta'}^0$，换算如下：

$$d+\Delta=d'+0; \quad d=d'-\Delta$$

$$d+0=d'-\Delta'; \quad \Delta'=d'-d$$

图 2-23 垫圈

$\phi36_{-0.34}^0$

$\phi16_0^{+0.24}$

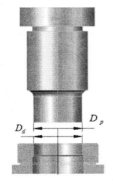
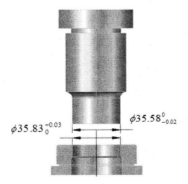

D_d D_p

$\phi35.83_0^{-0.03}$ $\phi35.58_0^{-0.02}$

图 2-24 落料凸、凹模刃口尺寸

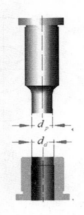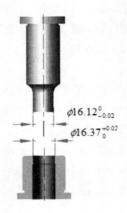

$$\phi 16.12^{0}_{-0.02}$$
$$\phi 16.37^{+0.02}_{0}$$

图 2-25　冲孔凸、凹模刃口尺寸

所以按 $d^{+\Delta}_{0}$ 标注形式就是：$(d'-\Delta')^{+\Delta'}_{0}$。同理可得 $d'\pm\Delta'$ 为 $(d'-\Delta')^{+2\Delta'}_{0}$。

同理，如果落料件尺寸不是按 $D^{0}_{-\Delta}$ 标注，而是按 $D'^{+\Delta'}_{0}$，$D'\pm\Delta'$，转换后就是 $(D'+\Delta')^{0}_{-\Delta'}$，$(D'-\Delta')^{+2\Delta'}_{0}$。

2. 凸模和凹模配合加工法

对于形状复杂的工件，为了便于模具制造，应采用配合加工。此方法是先加工基准件（落料时为凹模，冲孔时为凸模），然后根据基准件的实际尺寸，来配做另一件（落料时为凸模，冲孔时为凹模），在另一件上修出最小合理间隙值。故采用配合加工时，只需在基准件上标注尺寸和公差，另一件只标注基本尺寸，并注明"凸模尺寸按凹模实际尺寸配制，保证单面间隙（落料时）"；或"凹模尺寸按凸模实际尺寸配制，保证单面间隙"（冲孔时）。

配合加工时，基准件的制造公差 δ_p（或 δ_d）不再受间隙值的限制，甚至可以适当放大制造公差，故模具比较容易制造。目前一般工厂都采用这种加工方法。基准件的制造公差一般可取 $\Delta/4$。

对于一些形状复杂的冲裁件，由于各部分尺寸性质不同，其磨损规律也不同，故必须具体分析，分别计算。图 2-26 为落料件和凹模尺寸，图 2-27 为冲孔件和凸模尺寸，在这两个

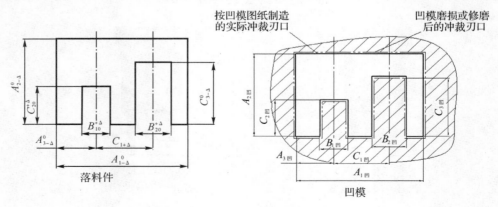

图 2-26　落料件的凹模尺寸

图中:A 类尺寸为磨损后变大的尺寸;B 类尺寸是磨损后变小的尺寸;C 类尺寸为磨损后不变的尺寸,具体计算公式见表 2-7。

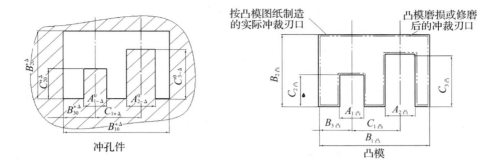

图 2-27　冲孔件与凸模尺寸

表 2-7　配合加工法凸、凹模刃口尺寸和公差的计算公式

工序性质	工件尺寸		凸模尺寸	凹模尺寸
落料		$A_0^0{}_{-\Delta}$	按凹模实际尺寸配制,保证单面间隙为 $C_{min} \sim C_{max}$	$A_d = (A - x\Delta)_0^{+\delta_d}$
		$B_0^{+\Delta}$		$B_d = (B + x\Delta)_{-\delta_d}^0$
	C	$C_0^{+\Delta}$		$C_d = (C + \Delta/2) \pm \delta_d$
		$C_{-\Delta}^0$		$C_d = (C - \Delta/2) \pm \delta_d$
		$C \pm \Delta'$		$C_d = C \pm \delta_d$
冲孔		$B_0^0{}_{-\Delta}$	$A_p = (A - x\Delta)_0^{+\delta_p}$	按凸模实际尺寸配制,保证单面间隙为 $C_{min} \sim C_{max}$
		$B_0^{+\Delta}$	$B_p = (B + x\Delta)_{-\delta_p}^0$	
	C	$C_0^{+\Delta}$	$C_p = (C + \Delta/2) \pm \delta_p$	
		$C_{-\Delta}^0$	$C_p = (C - \Delta/2) \pm \delta_p$	
		$C \pm \Delta'$	$C_p = C \pm \delta_p$	

注:表中 A_p、B_p、C_p——凸模刃口尺寸(mm);

　　A_d、B_d、C_d——凹模刃口尺寸(mm);

　　A、B、C——工件基本尺寸(mm);

　　Δ——工件公差(mm);

　　Δ'——工件的偏差,对称偏差时 $\Delta' = \Delta/2$(mm);

　　δ_p、δ_d——凸模与凹模制造公差(mm);当标注形式为 $+\delta_p$,$-\delta_p$(或 $+\delta_p$,$-\delta_p$)时,$\delta_p = \delta_d = \Delta/4$;当标注形式为 $\pm$

　　　　δ_p 或 $\pm\delta_d$ 时,$\delta_p = \delta_d = \Delta/8 = \Delta'4$

　　x——磨损系数。

例题 2-2　图 2-28(a)所示为一落料件,材料为 40 钢,料厚 t 等于 3mm。试确定其凸、凹模刃口尺寸及制造公差。

解:该制件形状比较复杂,凸模与凹模应采用配合加工。设计模具时以凹模为基准,刃口尺寸如图 2-28(b)所示。凹模刃口磨损后,尺寸变化有三种情况,按表 2-7 中的公式分别计算:

(1)磨损后变大的尺寸 A_{1d}、A_{2d}。

由表 2-6 查得:$x_1 = 0.75$,$x_2 = 0.75$

$$A_{1d} = (A_1 - x_1\Delta_1)_0^{+\delta_d} = (140 - 0.75 \times 0.26)_0^{+0.26/4} = 139.81_0^{+0.065}\,\text{mm}$$

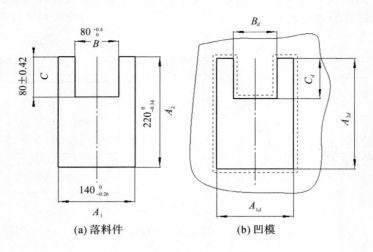

(a) 落料件　　　　　　(b) 凹模

图 2-28　落料件及其凹模

$$A_{2d}=(A_2-x_2\Delta_2)_0^{+\delta_d}=(220-0.75\times0.34)_0^{+0.34/4}=219.75_0^{+0.085}\,\mathrm{mm}$$

(2)磨损后变小的尺寸 B_d

由表 2-6 查表：$x=0.75$

$$B_d=(B+x\Delta)_{-\delta_d}^0=(80+0.75\times0.4)_{-0.4/4}^0=80.3_{-0.1}^0\,\mathrm{mm}$$

(3)磨损后不变的尺寸 C_d

$$C_d=C\pm\delta_d=80\pm\frac{1}{8}\times0.42=80\pm0.053\,\mathrm{mm}$$

该落料件的凹模与凸模尺寸标注见图 2-29。

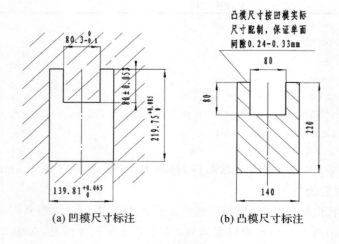

(a) 凹模尺寸标注　　　　　　(b) 凸模尺寸标注

图 2-29　凹模与凸模尺寸标注

例题 2-3　如将例题 2-28(a)落料件改为冲孔(图 2-30(a))，材料为 40 钢，料厚 t 等于 3mm。试确定其凸、凹模刃口尺寸及制造公差。

解：参照上例，凸模与凹模应采用配合加工。设计模具时以凸模为基准，刃口尺寸如图 2-30(b)。凸模刃口磨损后，尺寸变化有三种情况，按表 2-7 中的公式分别计算：

(1)磨损后变大的尺寸 A_p。

由表 2-6 查得：$x=0.75$，

$$A_p=(A-x\Delta)_0^{+\delta_p}=(80-0.75\times0.4)_0^{+0.4/4}=79.7_0^{+0.1}(mm)$$

(2)磨损后变小的尺寸 B_{1p}、B_{2p}

由表 2-6 查表：$x_1=0.75$，$x_2=0.75$

$$B_{1p}=(B_1+x_1\Delta_1)_{-\delta_p}^0=(140+0.75\times0.26)_{-0.26/4}^0=140.2_{-0.065}^0(mm)$$

$$B_{2p}=(B_2+x_2\Delta_2)_{-\delta_p}^0=(220+0.75\times0.34)_{-0.34/4}^0=220.26_{-0.085}^0(mm)$$

(3)磨损后不变的尺寸 C_p。

$$C_p=C\pm\delta_p=80\pm\frac{1}{8}\times0.42=80\pm0.053mm,$$

凸模尺寸标注如图 2-30(c)，凹模尺寸标注如图 2-30(d)所示。

复杂冲裁件的凸模和凹模尺寸不超过所用线切割机床加工范围，那么配合加工凸、凹模，一般首选线切割机床。

六、冲裁力和冲裁功

(一)冲裁力和冲裁功的计算

冲裁力是选择冲压设备吨位和检验模具强度及刚度的一个重要依据。冲裁过程时，冲裁力是随凸模进入材料的深度(凸模行程)而变化的。图 2-31 所示为 Q235 钢冲裁时的冲裁力变化曲线，图中 OA 段是冲裁的弹性变形阶段，AB 段是塑性变形阶段，B 点为冲裁力的最大值，在此点材料开始剪裂，BC 段为断裂阶段，CD 段压力主要是用于克服摩擦力和将材料由凹模内推出。通常说的冲裁力是指冲裁力的最大值。以此为依据来选用压力机和进行设计模具。

平刃冲模的冲裁力可按下列计算：

$$F=kLt\tau \tag{2-7}$$

式中　F——冲裁力(N)；

　　　L——冲裁周边长度(mm)；

　　　t——材料厚度(mm)；

　　　τ——材料剪切强度(MPa 或 N/mm^2)；

　　　k——系数。

系数 k 是考虑到实际生产中的各种因素而给出的一个修正系数。如模具间隙的波动和不均匀，刃口的钝化，板料机械性能和厚度的差异等。一般可取 $k=1.3$。

剪切强度 τ 的数值，取决于材料的种类和状态。可在材料手册或资料中查取。一般取 $\tau=0.8\sigma_b$。

因此式(2-7)可写成

$$F=Lt\sigma_b \tag{2-8}$$

机械压力机的工作能力除了受压力曲线的限制外，还规定了每次行程不要超过额定的数值，以保证电机不过载，飞轮转速不致下降过多。

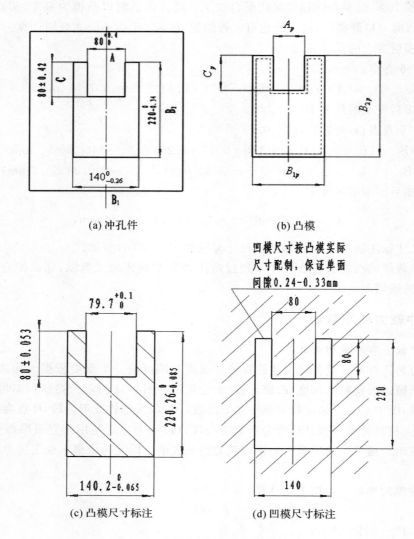

(a) 冲孔件　　　　　　　(b) 凸模

凹模尺寸按凸模实际
尺寸配制，保证单面
间隙0.24~0.33mm

(c) 凸模尺寸标注　　　　(d) 凹模尺寸标注

图 2-30　冲孔和凸模及凹模尺寸标注

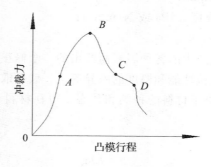

图 2-31　冲裁力曲线

平刃口冲裁时,其冲裁功可按下式计算:

$$A = mFt/1000 \qquad (2-9)$$

式中　A——冲裁功　　（N·mm）;

　　　t——材料厚度　　（mm）;

　　　F——冲裁力　　（N）;

　　　m——系数,与材料有关,一般取 $m=0.63$。

薄料冲裁时,冲裁功不大,可以不进行冲裁功的验算,但在厚料冲裁时,验算冲裁功往往是必要的。如果冲裁某一厚板零件,模具设计、制造及装配等都没有问题,冲裁力也够大,但冲裁功不够,也可能会发生停机现象。

（二）降低冲裁力的方法

在生产中,往往碰到这样的情况,需要冲裁某种零件,但可供选用的设备仅为车间内现有的一些冲压设备,当零件的冲裁力接近车间现有冲压设备的名义吨位时,准确地计算冲裁力就显得非常突出。若计算准确,就可以采用车间现有设备进行冲压,以充分发挥设备的潜力。若计算不准确,就有可能使设备超载而损坏,引起严重的事故。冲裁高强度材料和厚料或大尺寸工件时,需要的冲裁力较大,如果冲裁力超过车间现有压力机的吨位,就必须设法降低冲裁力。

1. 加热冲裁

材料在加热状态下剪切强度大大下降,因而可以降低冲裁力。但材料加热后会产生氧化皮,还会产生变形,故此法只适用于厚板或工作表面质量及精度要求不高的工件。

2. 阶梯布置凸模冲裁

在多凸模的冲裁中,将凸模做成不同高度,呈阶梯布置(图 2-32),可使各个凸模冲裁力的最大值不同时出现,从而降低了总的冲裁力。凸模间的高度差按材料厚度确定。

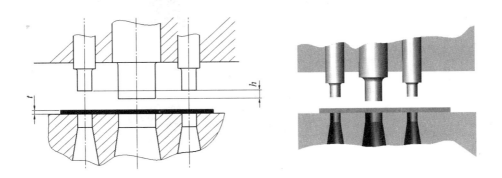

图 2-32　阶梯布置凸模冲裁

$$t<3\mathrm{mm}, h=t, \qquad t>3\mathrm{mm}, h=0.5t$$

采用阶梯布置凸模时,应尽可能对称布置,同时应把小凸模做得短一些,大凸模做得长一些,这样可以避免小凸模由于材料流动的侧压力而产生倾斜或折断的现象。

3. 斜刃口模具冲裁

用平刃模具冲裁时所需的冲裁力大,在大型零件冲裁时,往往会超出现有设备的吨位。为了减小冲裁力,减小冲击、振动和噪音,可以采用斜刃冲模。斜刃冲模冲裁时其情况如斜刃剪板机一样,材料是沿长度逐渐分离的,冲裁时刃口不是同时切入,是逐步冲切材料,这样相当于减小了冲切断面积,因而降低冲裁力。

　　采用斜刃口冲裁时,为了获得平整的工作,落料时凸模应做成平刃口,把斜刃做在凹模上,见 2-33(a),(b),(c)。冲孔时应把凹模做成平刃口,把斜刃做在凸模上,见 2-33(d),(e)。设计斜刃时,应注意把斜刃对称布置,否则,会产生侧向力使凸模偏斜,啃坏刃口。斜刃倾角(ϕ)和斜刃高度(H)可按表 2-8 选取。

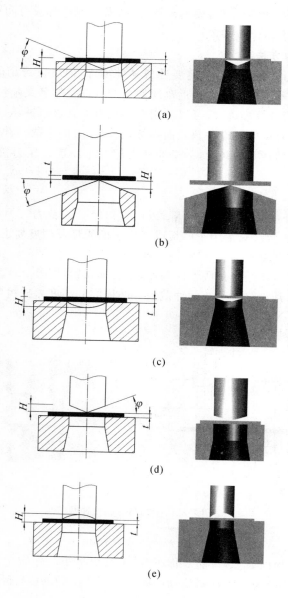

(a)

(b)

(c)

(d)

(e)

图 2-33　各种斜刃形式

表 2-8　斜刃参数

材料厚度 t/mm	斜刃高度 H/mm	斜刃角 $\varphi/(°)$	减力系数 k
<3	$2t$	<5	0.3～0.4
3～10	t	<8	0.6～0.65

每个斜刃的冲裁力可按下式计算：

$$F_s = kF \qquad (2\text{-}10)$$

式中　F_s——斜刃冲裁力（N）；

　　　k_s——减力系数（见表 2-8）；

　　　F——平刃冲裁力（N）。

采用斜刃冲模或阶梯凸模时，所需的冲裁功并不减小，这时，只是因为延长了冲裁行程而使冲裁力降低（图 2-34）。但刃口容易磨损，模具制造和修磨也较困难，做一般只适用于大型工件及厚板冲裁。

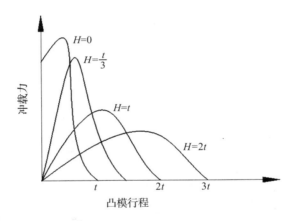

图 2-34　斜刃冲模的冲裁力

模具设计尽量不要采用斜刃冲裁的，一则加工比较麻烦，再则斜刃容易磨损。由于企业都是根据已有冲压件产品冲压加工所需冲压力来购买冲床的，出现超过企业现有冲床吨位的情况并不多，因此，加热冲裁和斜刃冲裁及阶梯冲裁在企业也用的不多。

4. 卸料力、推件力和顶件力

冲裁后，冲下的工件（或废料）由于弹性恢复而扩张，会梗塞在凹模洞口内。同样，废料（或工件）上冲出的孔会因弹性收缩而箍紧在凸模上。从凸模上将废料（或工件）卸下来的力叫卸料力 F_x；从凹模内顺着冲裁方向把工件（或废料）推出的力叫推件力 F_t，逆着冲裁方向将零件或废料从凹模腔顶出的力称为顶件力 F_d。如图 2-35 所示。

影响这些力的因素很多，主要是材料的力学性能和厚度、模具间隙、工件形状和尺寸及润滑条件等。而这些因素的影响规律也很复杂，要准确地从数量上反映这些力的大小是很困难的。所以一般用下列经验公式来计算：

$$F_x = kF \qquad (2\text{-}11)$$

$$F_t = n k_t F \tag{2-12}$$

$$F_d = k_d F \tag{2-13}$$

式中　F_x、F_t、F_d——分别是卸料力、推件力和顶件力（N）；

　　　　k_x、k_t、k_d——分别是卸料力、推件力、顶件力的系数（见表2-9）；

　　　　F——冲裁力（N）；

　　　　n——梗塞在凹模内的工件数。$n = \dfrac{h}{t}$，h 为凹模直壁高度（mm），t 为板料厚度（mm）。

表 2-9　系数 k_x、k_t、k_d 的数值

材料及厚度 t/mm		k_x	k_t	k_d
钢	≤0.1	0.065～0.075	0.1	0.14
	>0.1～0.5	0.045～0.05	0.065	0.08
	>0.5～2.5	0.04～0.05	0.055	0.06
	>2.5～6.5	0.03～0.04	0.045	0.05
	>6.5	0.02～0.03	0.025	0.03
铝、铝合金		0.025～0.08	0.03～0.07	
紫铜、黄铜		0.02～0.06	0.03～0.09	

注：k_x 在冲多孔、大搭边和轮廓复杂件时取上限。

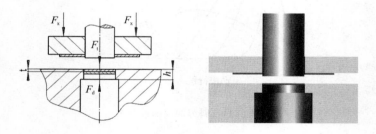

图 2-35　卸料力、推件力和顶件力

选择压力机时，这些力是否考虑进去，要根据模具的结构型式具体分析，即

采用刚性卸料装置和下出料方式的冲裁模，选择压力机时应考虑总压力 $F_总$ 为：

$$F_总 \geqslant F + F_t \tag{2-14}$$

采用弹性卸料装置和下出料方式的冲裁模，选择压力机时应考虑总压力 $P_总$ 为：

$$F_总 \geqslant F + F_t + F_x \tag{2-15}$$

采用弹性卸料装置和上出料方式的冲裁模，选择压力机时应考虑总压力 $P_总$ 为：

$$F_总 \geqslant F + F_d + F_x \tag{2-16}$$

选择压力机时，压力机的公称压力（N）必须大于或等到于冲裁时的总压力。

k_x、k_t、k_d 都是一些经验数值，并且有一个选择范围，实际冲裁时选择比较大偏一些比较好，如果所计算的力不够，则增加弹性的弹力比较麻烦，比如选择弹簧力不够，则原先是左（右）旋弹簧内（外）还要放置右（左）旋弹簧。同样采用聚氨酯橡胶（皮）作为弹性元件，开始

取比较大的值,假设所选择的力太大,再加工聚氨酯橡胶也比较方便,如圆形的聚氨酯橡胶,车削加工外圆即可。

例题 2-4 计算冲裁如图 2-36 所示落料件所需的总压力。材料为 Q235,料厚 $t=4mm$。为保证零件平整,采用弹性卸料装置和下出料方式的冲裁模,凹模刃口直壁高度 $h=8mm$。

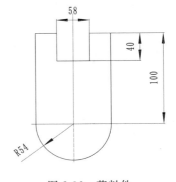

图 2-36 落料件

解:(1)冲裁力

$$F=Lt\sigma_b$$

由材料手册查得:$\sigma_b=450MPa$

$$L=(100+25+40+29)\times 2+\pi 54=558(mm)$$

则 $F=Lt\sigma_b=558\times 4\times 450=1004400(N)$

(2)卸料力

$$F_x=kF$$

查表 2-9,取 $K_x=0.04$

则 $P_x=0.04\times 1004400=40176N$

(3)推件力

$$F_t=nk_tF$$
$$n=h/t=8/4=2$$

查表 2-9,取 $K_t=0.045$

则 $P_t=2\times 0.045\times 1004400=90396(N)$

(4)总压力

$$F_{总}=F+F_x+F_t$$
$$=1004400+40176+90396=1134972(N)$$

七、排样与材料的经济利用

(一)材料的经济利用

在冲压产生中,冲裁比较大的工件,一般采用单个的块料作为毛坯;冲压较小的工件时,为了便于操作和提高生产率,通常采用板料裁成的条料或带料作为毛坯。

冲裁件在条料上的布置方法叫排样。排样是否合理直接影响到材料的经济利用。材料的利用率用下式表示:

$$\eta=\frac{A_0}{A}\times 100\% \tag{2-17}$$

式中 η——材料利用率;

A_0——工件的实际面积;

A——所用材料面积,包括工件面积和废料面积。

由上式可见,若减少废料面积,就可以提高材料的利用率。

在冲压零件的成本中,材料费用一般占 60% 以上。因此设法减少废料,提高材料利用率具有十分重要的经济意义。

冲裁产生的废料分为工艺废料和结构废料两种,如图 2-37 所示生产垫圈零件,材料为

Q235 钢,料厚 t 等于 2mm,外圆由落料制成,内圆由冲孔制成,其废料由工艺废料和结构废料组成(图 2-38)。工艺废料 2 是由于工件与工件之间和工件与条料侧边之间有搭边存在,以及不可避免的料头而产生的废料,它的多少取决于冲压方法和排样方式。结构废料 1 是由于工件有内孔存在而产生的废料,它与零件的形状有关,一般不能改变。所以,只有从减少工艺废料着手,进行合理的排样,才能提高材料的利用率。

图 2-37 垫圈

(二)排样方法

1. 有废料排样

有废料排样是指沿工件全部外形冲裁,工件周边都留有搭边的排序,如图 2-39(a)所示的工件有图 2-39(b)和图 2-39(c)所示的排样,图 2-40(a)所示的工件有图 2-40(b)所示的排样,这种排样的缺点是材料利

1. 结构性废料 2. 工艺废料

图 2-38 废料的种类

用率低,但有了搭边能保证冲裁件的质量,模具寿命也高。

2. 少废料排样

少废料排样是指工件部分外形冲裁,只有局部有搭边的排样,如图 2-41(a)所示的工件有图 2-41(b)的排样。

3. 无废料排样

无废料排样是指工件与工件之间及工件与条料侧边之间均无搭边的排序。条料与直线或曲线的切断而得到工件,如图 2-42(a)所示的工件有图图 2-42(b)所示的排样。

少、无废料排样的缺点是工件质量较差,模具寿命不高,但这两类排样可以节省材料,还具有简单模具结构、降低冲裁力和提高生产率等优点。

上述三类排样方法,按工件的外形特征又可分为直排、斜排、直对排、斜对排、混合排、多行排及裁搭边等多种形式。各种排列形式的分类见表 2-10。

表 2-10 排样方式

排样方式	有废料排样	少、无废料排样
直排		
斜排		

续表

排样方式	有废料排样	少、无废料排样
直对排		
斜对排		
混合排		
多行排		

如图 2-39(a)所示的零件,若采用第一种排样法(图 2-39(b))所示),单个零件的材料利用率为 53.7%;若采用第二种排样法(图 2-39(c))所示),材料利用率可提高到 63.5%。但送料需调头,操作不方便,如果一次冲两件,则模具结构复杂。对大量生产可以考虑采用。如果在不影响零件使用的条件下,可将零件修改成(必须征得产品零件设计人员的同意)如

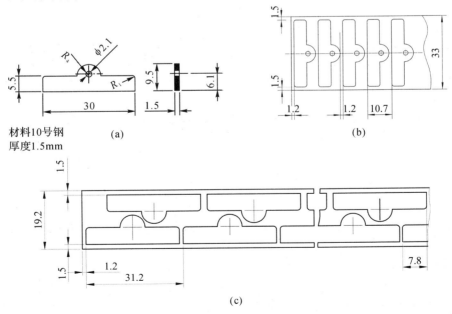

材料10号钢
厚度1.5mm

图 2-39　工件与有废料排样

图 2-40(a)所示的形状。这时采用如图 2-40(b)所示的第三种排样,材料利用率可提高到 78.4%。与前两种排样方案相比较,第三种排样方案的材料利用率最高,而且模具结构不致复杂,送料操作也方便。

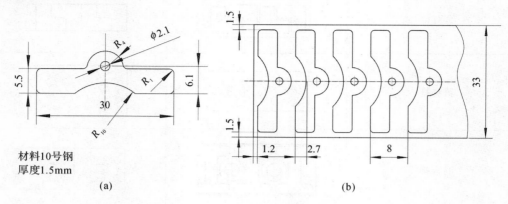

图 2-40　工件与有废料排样

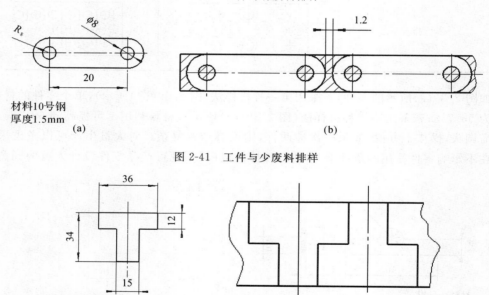

图 2-41　工件与少废料排样

图 2-42　工件与无废料排样

人工排样一般难以获得最佳排样方案,如果采用计算机排样,就可以快捷确定最优的排样方案。

对于排样设计,不但要考虑到排样的经济性,还要注意考虑到冲压作业人员操作习惯和劳动强度,手工操作时,板料送入抽回不能往复多次,一般最多是两次完成冲裁工作。即一次送料送入冲完后,转向再冲一次。送入的条料长度也要根据操作者能提起的重量计算。如图 2-43(a)的落料,假设条料送入先从冲左边开始,冲裁完成后,再翻转一次接着冲右边。

如果按如图 2-43(b)排样,虽然材料利用率与图 2-43(a)相比有所提高,但需要翻转 3 次操作才能完成。加重了操作者复杂程度,而冲压作业强调愈简单愈好。无论模具设计制造得有多么复杂,但提供给操作者的冲压操作必须是最简单和最方便的。这也是模具设计制造的一个最基本要求。

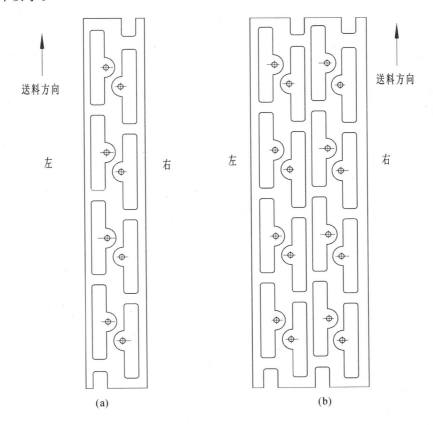

图 2-43　排样与冲压作业

(三)搭边和料宽

1．搭边

排样时,工件之间(a_1)及工件与条料侧边之间(a)的余料叫搭边,如图 2-44 所示。

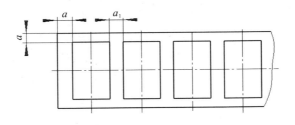

图 2-44　搭边

搭边的作用是补偿定位误差,保证冲出合格的工件。搭边还可以保持条料有一定的刚度,便于送料。另外,搭边还可以保护模具刃口,延长其使用寿命。

搭边值要合理确定。搭边值过大,材料利用率低。搭边值过小,在冲裁时会被拉断,使工件产生大的毛刺,有时还会拉入模具间隙中,损坏模具刃口,降低模具寿命。搭边值的大小与材料的力学性能和工件形状等有关。

(1)材料的力学性能。硬材料的搭边值可小些,软材料、脆性材料的搭边值要大一些。

(2)工件的形状与尺寸。工件尺寸大或有尖突的复杂形状时,搭边值要取大一些。

(3)材料厚薄。厚材料的搭边值应取得大一些。

(4)送料方式及挡料方式。用手工送料和有侧压板导向的搭边值可以小一些。

搭边值是由经验确定的。表 2-11 为搭边值,供设计时参考。冲模设计时,压料圈并不一定要压住全部的板料,而只需压住大于搭边部分即可,这样可节约模具材料和模具的空间位置,使模具更加紧凑。

表 2-11 搭边 a 和 a_1 的数值(低碳钢)

t/min	圆件及圆角($r>2t$)		矩形件边长($L \leqslant 50mm$)		矩形件边长($L>50mm$ 或圆角 $r \leqslant 2t$)	
	工件间 a_1/mm	沿边 a/mn	工件间 a_1/	沿边 a/mn	工件间 a_1/mm	沿边 a/mn
0.25 以下	1.8	2.0	2.2	2.5	2.8	3.0
0.25~0.5	1.2	1.5	1.8	2.0	2.2	2.5
0.5~0.8	1.0	1.2	1.5	1.8	1.8	2.0
0.8~1.2	0.8	1.0	1.2	1.5	1.5	1.8
1.2~1.6	1.0	1.2	1.5	1.8	1.8	2.0
1.6~2.0	1.2	1.5	1.8	2.5	2.0.	2.2
2.0~2.5	1.5	1.8	2.0	2.2	2.2	2.5
2.5~3.0	1.8	2.2	2.2	2.5	2.5	2.8
3.0~3.5	2.2	2.5	2.5	2.8	2.8	3.1
3.5~4.0	2.5	2.8	2.5	3.2	3.2	3.5
4.0~5.0	3.0	3.5	3.5	4.0	4.0	4.5
5.0~12	0.6t	0.7t	0.7t	0.8t	0.9t	0.9t

注:对于其他材料,应将表中数值乘以下列系数:中等硬度钢 0.9;硬黄铜 0.8;硬黄铜 1~1.1;硬铝 1~1.2;软黄铜、紫铜 1.2;铝 1.3~1.4;非金属 1.5~2。

2. 料宽

排样方案确定后,就可确定条料的宽度和导板之间的距离。条料宽度的确定原则是:最小条料宽度要保证冲裁时工件周边有足够的搭边值,最大条料宽度要能在冲裁顺利地在导料板之间有一定的间隙。因此,在确定条料宽度时必须考虑到模具的结构中是否采用侧压装置和侧刃,根据不同的结构一般分无侧压装置、有侧压装置等三种情况。

(1)无侧压装置(图 2-45(a)),当条料在无侧压装置的导板之间送料时,条料宽度

$$B^0_{-\Delta} = [D + 2(a + \Delta) + b_0]^0_{-\Delta} \tag{2-18}$$

式中 B——条料宽度的基本尺寸(mm);

  a——侧搭边最小值(mm);

  Δ——条料宽度的公差,见表 2-12 和表 2-13;

  b_0——条料与导料板间的间隙(mm);见表 2-14。

导料板之间的距离 $S = B + b_0$

（2）有侧压装置（图 2-45（b））

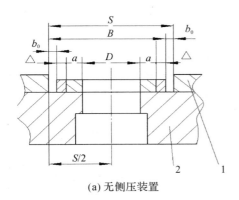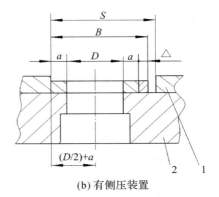

（a）无侧压装置　　　　　　　　　　（b）有侧压装置

图 2-45　条料宽度确定

条料宽度

$$B_{-\Delta}^{0}=[D+2a+\Delta]_{-\Delta}^{0} \qquad (2\text{-}19)$$

式中　符号意义同上。

导料板之间的距离　　　$S=B+b_0$

（3）模具有侧刃时（图 2-46）

条料宽度

$$B_{-\Delta}^{0}=[D+2a+nC]_{-\Delta}^{0}$$
$$=[D+1.5a'+nC]_{-\Delta}^{0}(a'=0.75a) \qquad (2\text{-}20)$$

式中　n——侧刃数量；

C——侧刃冲切的料边宽度，见表

2-15；

其余符号意义同前。

导料板之间的距离　　　　　　　　$S=B+b_0$

$$S'=D+2a++b_1$$

图 2-46　有侧刃时的条料宽度

表 2-12　条料宽度公差

条料宽度 B/mm	材料厚度 t/mm			
	～1	1～2	2～3	3～5
～50	0.4	0.5	0.7	0.9
50～100	0.5	0.6	0.8	1.0
100～150	0.6	0.7	0.9	1.1
150～220	0.7	0.8	1.0	1.2
220～300	0.8	0.9	1.1	1.3

表 2-13　条料宽度公差表

条料宽度 B/mm	材料厚度 t/mm		
	～0.5	>0.5～1	>1～2
～20	0.05	0.08	0.10
>20～30	0.08	0.10	0.15
>30～50	0.10	0.15	0.20

表 2-14　条料与导料板之间的间隙

材料厚度 t/mm	无侧压装置			有侧压装置	
	条料宽度 B/mm			条料宽度 B/mm	
	100 以下	100～200	200～300	100 以下	100 以上
～0.5	0.5	0.5	1	5	8
0.5～1	0.5	0.5	1	5	8
1～2	0.5	1	1	5	8
2～3	0.5	1	1	5	8
3～4	0.5	1	1	5	8
4～5	0.5	1	1	5	8

表 2-15　侧刃冲切的料边宽度

材料厚度 t/mm	C	b_0
～1.5	1.5	0.10
>1.5～2.5	2.0	0.15
>2.5～3	2.5	0.20

3. 排样图

在确定条料宽度之后,还要选择板料规格,并确定裁剪方式(纵向裁剪或横向裁剪),同时,要注意的是,在选择板料规格和确定裁剪方式时,还应综合考虑材料利用率、纤维方向(对弯曲件)和操作方便及材料供应情况等。当条料长度确定后,就可绘制出排样图。图 2-47所示,是一张完整的排样图应标注有条料宽度 $B^0_{-\Delta}$、条料长度 L、端距 l、步距 A、工件间搭边 a_1 和侧搭边 a,并注明板料厚度。排样图应绘制在冲压工艺卡片上和冲裁模总装配图的右上角。

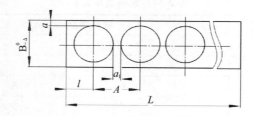

图 2-47　排样图

八、弹性元件的选取

（一）弹簧选用原则

作为冲裁模卸料或推件用的弹簧，已经形成标准。标准中给出弹簧的有关数据和弹簧的特性线，模具设计时只需按标准选用。一般选用弹簧的原则，应该是在满足模具结构要求的前提下，保证所选用的弹簧能够给出要求的作用力和行程。

卸料弹簧选择与计算步骤：

（1）初定弹簧数量 n，一般选 2～4 个，结构允许时可选 6 个或以上。

（2）根据总卸料 F_x，初选的个数 n，计算出每个弹簧应有的预压力 F_y

$$F_y = \frac{F_x}{n} \tag{2-21}$$

（3）根据预压力 F_y 预选弹簧规格，选择时应使弹簧的极限工作压力 F_j 大于预压力 F_y，一般可取 $F_j = (1.5-2)F_y$

（4）计算弹簧在预压力 F_y 作用下的预压缩量 H_y

$$H_y = \frac{F_y \times H_j}{F_j} \tag{2-22}$$

式中　H_j——弹簧极限压缩量（mm）；

　　　F_j——弹簧极限工作负荷（N）；

　　　F_y——弹簧预压力（N）。

说明：为了保证冲模的正常工作，在不进行冲裁工作时，弹簧也应该在预紧力 F_y 的作用下产生一定的预压紧量 H_y。

（5）校核弹簧最大允许压缩量是否大于实际工作总压缩量，即：

$$H_j \geqslant H = H_y + H_x + H_m \tag{2-23}$$

式中　H——总压缩量（mm）；

　　　H_x——卸料板的工作行程（mm），一般可取 $H_x = t + 1$，t 为板料厚度；

　　　H_m——凸模或凸凹模的刃磨量，一般可取 $H_m = 4～10$mm。

如果不满足上述关系，则必须重新选择弹簧规格，直到满足为止。

例 4-5　如果采用图 2-48 的卸料装置，冲裁板厚为 0.5mm 的低碳钢垫圈，设冲裁卸料力为 $1000N$，试选用和计算所需要的卸料弹簧。

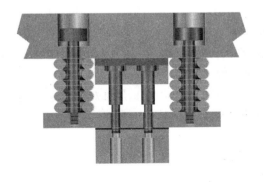

图 2-48　卸料装置

解：

(1)根据模具安装位置，拟选弹簧个数 $n=4$；

(2)计算每个弹簧应有的预压力

$$F_y=\frac{F_x}{n}=\frac{1000}{4}=250(\text{N})$$

(3)由 $F_j=(1.5-2)F_y$，估算弹簧的极限工作负荷：

$$F_j=2F_y=2\times250=500(\text{N})$$

查有关弹簧规格初选弹簧的规格为：

$d=4\text{mm}$，$D=25\text{mm}$，$t=6.4$，$F_j=540\text{N}$，$H_j=15.7\text{mm}$，$H_0=55\text{mm}$，$n=7.7$ 圈；

(5)计算弹簧预压缩量

$$H_y=\frac{F_y\times H_j}{F_j}=\frac{250\times15.7}{540}=7.27(\text{mm})$$

校核 $H_j\geqslant H=H_y+H_x+H_m=7.27+0.5+1+6=14.77\text{mm}<15.7\text{mm}$

因此，所选弹簧是合适的。模具设计时，卸料力是指凸模伸入凹模洞口中，即完成冲裁时，此时压料圈（弹簧）产生的弹力。有些冲模企业为简便弹簧选择，通常根据模具的空间位置，选取单个弹簧能产生最大的极限弹力来选取弹簧个数，一般为偶数比较好，再根据弹簧的压缩量是否大于冲压工作行程。比如，模具所需卸料为1000N，而单个弹簧能产生最大的极限弹力 250N，弹簧可压缩量 5mm，设弹簧自由状态高度50mm，即弹簧压缩到 45mm，可产生 250N，设板料厚度为 0.5mm，凸模伸入凹模洞口内为 1mm，那么模具设计时，选取 4 个弹簧，模具在不工作状态下的弹簧的压缩量为 3.5mm 即可。此种方法虽然实用，也比较方便，但会使弹簧过早疲劳损坏。所以可修改为：根据模具所需的卸料力，选取略小于单个弹簧能产生最大的极限弹力来选取弹簧个数，这样不会使弹簧过早疲劳损坏。

（二）橡胶的选用与计算

橡胶允许承受的负荷较大，安装调整灵活方便，是冲裁模中常用的弹性元件。

橡胶的选用步骤如下：

(1)根据模具空间尺寸确定橡胶板的形状、尺寸及硬度级别。

(2)计算橡胶板的工作压力

橡胶板的工作压力与其形状、尺寸以及压缩量有关，一般用下式计算：

$$F=Ap \tag{2-24}$$

式中　　F——橡胶工作压力（N）；

　　　　A——橡胶板横截面积（mm^2）；

　　　　p——橡胶单位压力，与形状和压缩量有关，如图 2-49 所示，一般取 2~3MPa。

(3)确定橡胶压缩量和厚度

橡胶板压缩量不能太大，否则会影响其压力和寿命。橡胶的最大压缩量一般不超过厚度的 45%，而模具安装时橡胶板的预压量为厚度的 10%~15%，因而橡胶板冲压中允许的压缩量为：

$$H_j=H_{\max}-H_y=(0.25\sim0.35)H \tag{2-25}$$

式中　　H——橡胶板厚度；

　　　　$H_{\max}$——橡胶最大压缩量；

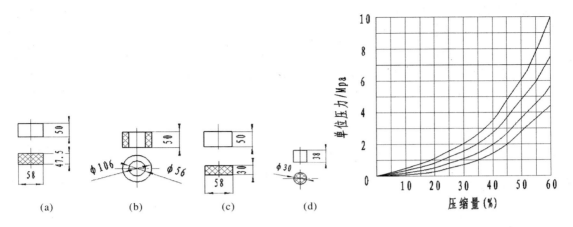

图 2-49　橡胶单位压力与形状及压缩量

H_y——橡胶预压缩量；

H_j——橡胶冲压时允许的压缩量。

根据公式（2-25），即可得到橡皮的厚度为：

$$H = \frac{H_j}{(0.25 - 0.35)} (\text{mm}) \qquad (2\text{-}26)$$

（4）校核所选橡皮在冲压中是否能正常工作

校核时，应使橡胶满足以下几点要求：

①橡胶的预压力大于或等于卸料力，即：

$$F_y \geqslant F_x \qquad (2\text{-}27)$$

式中　F_x——卸料力（N）；

　　　F_y——预压力（N）。

②橡胶冲压时的允许压缩量，大于或等于模具需要的压缩量（卸料板工作行程与凸模总修磨量之和），即：

$$H_j \geqslant H_x - H_t \qquad (2\text{-}28)$$

式中　H_x——卸料板工作行程；

　　　H_t——凸模总修磨量。

③橡胶厚度与外径之比值，应在一定范围内，即

$$0.5 \leqslant \frac{H}{D} \leqslant 1.5 \qquad (2\text{-}29)$$

若 $\frac{H}{D} \geqslant 1.5$，则将橡胶板分成若干块，每块间用钢板分开。但每块的厚度与直径之比仍应满足上式要求。

只有选用的橡胶满足以上要求后，才能正常工作。否则，应另选尺寸和硬度合适的橡胶。

九、冲裁模的压力中心计算

冲裁力合力的作用点称为模具的压力中心。如果压力中心不在模柄轴线上，滑块就会

承受偏心载荷,导致滑块导轨和模具不正常的磨损,降低模具寿命甚至损坏模具。通常利用求平行力系合力作用点的方法:解析法或图解法,确定模具的压力中心。

设模具压力中心为 c 点(图 2-50),其坐标为 X、Y,模具上作用的冲载力 F_1、F_2、F_3、F_4、F_5…F_n 是垂直于图面方向的平行力系。根据力学定理,诸分力对某轴力矩之和等于其合力对同轴之距,则有

$$X = \frac{F_1 X_1 + F_2 X_2 + \cdots + F_n X_n}{F_1 + F_2 + \cdots + F_n} = \frac{\sum_{i=1}^{n} F_i X_i}{\sum_{i=1}^{n} F_i} \qquad (2\text{-}30)$$

$$Y = \frac{F_1 Y_1 + F_2 Y_2 + \cdots + F_n Y_n}{F_1 + F_2 + \cdots + F_n} = \frac{\sum_{i=1}^{n} F_i Y_i}{\sum_{i=1}^{n} F_i} \qquad (2\text{-}31)$$

$$F_1 = k L_1 t \tau$$
$$F_2 = k L_2 t \tau$$

这里

$$\cdots\cdots$$
$$F_n = k L_n t \tau$$

式中　　$F_1, F_2 \cdots, F_n$——各图形的冲裁力;

$X_1, X_2 \cdots, X_n$——各图形冲裁力的 X 轴坐标;

$Y_1, Y_2 \cdots, Y_n$——各图形冲裁力的 Y 轴坐标;

$L_1, L_2 \cdots, L_n$——各图形冲裁周边长度;

k——冲裁系数;

t——毛坯厚度;

τ——材料抗剪强度。

将各图形冲裁力 $F_1, F_2, \cdots, F_n$ 之值代入式(2-30)和(2-31),可得冲模压力中心的坐标 X 与 Y 之值为

$$X = \frac{L_1 X_1 + L_2 X_2 + \cdots + L_n X_n}{L_1 + L_2 + \cdots + L_n} = \frac{\sum_{i=1}^{n} L_i X_i}{\sum_{i=1}^{n} L_i} \qquad (2\text{-}32)$$

$$Y = \frac{L_1 Y_1 + L_2 Y_2 + \cdots + L_n Y_n}{L_1 + L_2 + \cdots + L_n} = \frac{\sum_{i=1}^{n} L_i Y_i}{\sum_{i=1}^{n} L_i} \qquad (2\text{-}33)$$

除上述的解析法外,在生产中也常用作图法求压力中心。虽然作图法的精度稍差,但却可省掉许多计算。求出冲裁中心后,作为卸料、顶料及推料的弹性元件及脱料螺钉都要以冲裁中心对称布置。如果按搭边值能压得住被冲裁板料的话,卸料、顶料及推料板的形状也要尽可能与冲裁中心对称布置,否则会造成脱料困难。

在实际生产中,可能出现冲模压力中心在加工过程中发生变化的情况,或者由于零件的形状特殊,从模具结构考虑不宜于使压力中心与模柄中心线相重合的情况,这时应注意使压

力中心的偏离不致超了所选用压力机所允许的范围。图 2-50、图 2-51 及图 2-52 分别是单凸模,多凸模和混合凸模压力中心的求解。求解图 2-52 的混合凸模压力中心时,要先单独求解出 C_1 和 C_2 处非规则形状的压力中心,然后再与规则几何形状的压力中心一起求解整个压力中心。

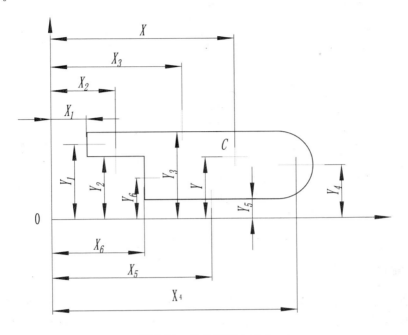

图 2-50　单凸模压力中心

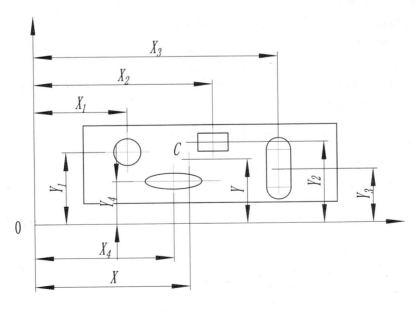

图 2-51　多凸模压力中心

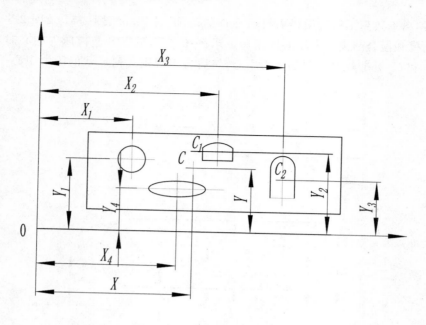

图 2-52 混合凸模压力中心

十、冲裁件工艺分析

冲裁件的工艺性是指冲裁件的材料、形状及尺寸精度等是否适应冲裁加工的工艺要求。设计冲模前要对冲裁件的工艺性进行分析。所谓冲裁件的工艺性就是指:能否用一般的冲裁方法,生产出合格的冲压件。

(一)冲裁件的精度等级

普通冲裁件内外形尺寸的经济公差等级不高于 IT11 级,落料件公差等级最好低于 IT10 级,冲孔最好低于 IT19 级。冲裁件外形与内孔尺寸公差见表 2-16,冲裁件孔中心距公差见表 2-17,无导向凸模冲孔尺寸见表 2-18,有导向凸模冲孔尺寸见表 2-19。冲裁件的断面粗糙度与材料塑性、材料厚度、冲裁间隙、刃口锐钝以冲模结构有关,一般冲裁厚度小于 2mm 时,其断面粗糙度 Ra 一般可达 $12.5 \sim 3.2 \mu m$。

表 2-16 冲裁件外形与内孔尺寸公差   (mm)

料厚 t	工件尺寸							
	一般精度的工件				较高精度的工件			
	<10	10~50	50~150	150~300	<10	10~50	50~150	150~300
0.2~0.5	$\frac{0.08}{0.05}$	$\frac{0.10}{0.08}$	$\frac{0.14}{0.12}$	0.02	$\frac{0.025}{0.02}$	$\frac{0.03}{0.04}$	$\frac{0.05}{0.08}$	0.08
0.5~1	$\frac{0.12}{0.05}$	$\frac{0.16}{0.08}$	$\frac{0.22}{0.12}$	0.03	$\frac{0.03}{0.02}$	$\frac{0.04}{0.04}$	$\frac{0.06}{0.08}$	0.10
1~2	$\frac{0.18}{0.06}$	$\frac{0.22}{0.10}$	$\frac{0.30}{0.16}$	0.05	$\frac{0.04}{0.03}$	$\frac{0.06}{0.06}$	$\frac{0.08}{0.10}$	0.12
2~4	$\frac{0.24}{0.08}$	$\frac{0.28}{0.12}$	$\frac{0.40}{0.20}$	0.07	$\frac{0.06}{0.04}$	$\frac{0.08}{0.08}$	$\frac{0.10}{0.12}$	0.15
4~6	$\frac{0.30}{0.10}$	$\frac{0.35}{0.15}$	$\frac{0.50}{0.25}$	1.0	$\frac{0.10}{0.06}$	$\frac{0.12}{0.10}$	$\frac{0.15}{0.15}$	0.20

表 2-17　　冲裁件孔中心距公差　　　　　　　　　　（mm）

料厚 t	普通冲模			高级冲模		
	孔距尺寸			孔距尺寸		
	<50	50～150	150～300	<50	50～150	150～300
<1	±0.10	±0.15	±0.20	±0.03	±0.05	±0.08
1～2	±0.12	±0.20	±0.30	±0.04	±0.06	±0.10
2～4	±0.15	±0.25	±0.35	±0.06	±0.08	±0.12
4～6	±0.20	±0.30	±0.40	±0.08	±0.10	±0.15

表 2-18　　无导向凸模冲孔尺寸

材料				
钢 $\tau_b > 700\text{MPa}$	$d \geqslant 1.5t$	$d \geqslant 1.35t$	$d \geqslant 1.2t$	$d \geqslant 1.1t$
钢 $\tau_b = 400-700\text{MPa}$	$d \geqslant 1.3t$ $d \geqslant 1.0t$	$d \geqslant 1.2t$ $d \geqslant 0.9t$	$d \geqslant 1.0t$ $d \geqslant 0.8t$	$d \geqslant 0.9t$ $d \geqslant 0.7t$
钢 $\tau_b = 400\text{MPa}$	$d \geqslant 0.9t$	$d \geqslant 0.8t$	$d \geqslant 0.7t$	$d \geqslant 0.6t$
黄铜、铜	$d \geqslant 0.8t$	$d \geqslant 0.7t$	$d \geqslant 0.6t$	$\geqslant 0.5t$
铝、锌	$d \geqslant 0.7t$	$d \geqslant 0.6t$	$d \geqslant 0.5t$	$d \geqslant 0.4t$
纸胶版、布胶版纸	$d \geqslant 0.6t$	$d \geqslant 0.5t$	$d \geqslant 0.4t$	$d \geqslant 0.3t$

表 2-19　　有导向凸模冲孔尺寸

材料	圆形（直径 d）	矩形（孔宽 b）
硬钢	$0.5t$	$0.4t$
软钢及黄铜	$0.35t$	$0.3t$
铝、锌	$0.3t$	$0.28t$

（二）冲裁件结构形状与尺寸

冲裁件的形状与尺寸是否符合冲裁工艺要求,如图 2-53 所示,(1)冲裁件形状是否力求简单、规则;(2)冲裁件内外形转角是否尖角,如果有尖角要尽量避免(图 2-53(a));(3)冲裁件是否有过长的凸出悬臂或过窄的凹槽。一般规定:对于软钢、黄铜等材料,宽度为 $b \geqslant 1.5t$,高碳钢或合金钢 $b \geqslant 2t$;板料厚度小于 1mm 时按 1mm 考虑。悬臂和凹槽的最大长度 $L \leqslant 5b$(图 2-53(b),(c))。为避免冲裁件变形,冲裁件的最小孔边距不能过小;(5)在弯曲件或拉深件上冲孔时,孔边与边距之间要保持一定距离,以免凸模受水平推力而拆断(图 2-53(d))。

综上所述,如有冲裁件不符合冲压工艺要求的可以进行(征得冲压产品设计人员的同意下)修改。大多数情况下,冲压件不符合冲压工艺要求的是没有标注出圆角。

（三）确定冲裁工艺方案

在冲裁件工艺分析的基础上,根据冲压件的形状、尺寸、精度要求、材料性能、冲压件生产成本、生产批量、模具设计、制造、维修及操作的复杂程度等,提出多种合适的冲裁方案,并做综合的分析研究和比较其综合的经济效果,以期在满足冲压件质量要求的前提下,达到最

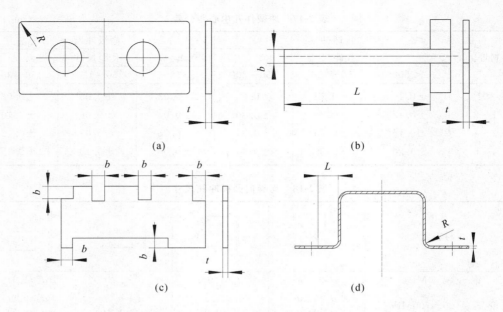

图 2-53 裁件结构形状与尺寸的要求

大限度地降低冲压件的生产成本和提高生产效率的的基本要求。比如,生产批量很小,板料上要加工孔的情况下,也可以通钻床钻孔来实现。就是说,冲压工艺方案可以包括机械加工工序。

许多企业都有专门的冲压工艺员或冲压工艺师来分析冲压件产品的冲压工艺性,如分析冲压件产品不符合本企业冲压工艺要求,就要与产品设计人员相互协调或修改冲压件产品设计不合理之处,并在此基础上下达模具设计任务书,模具设计人员根据下达的模具设计任务书所规定的设计要求进行模具设计,在设计过程中还要反复与工艺分析人员沟通修改等,直到设计出符合要求的模具结构。设计的模具制造装配完成后,冲压工艺人员、模具设计人员、模具制造人员及冲压作业操作人员等都要到现场共同参与模具的试冲及修改工作,直到生产出合格的冲压件产品为止。一般情况下,冲裁模无论模具结构有多复杂,只要模具的工作原理正确,设计和制造无误,冲裁模一次试模的成功率是很高,并不像弯曲模和复杂拉深模等那样,即使模具设计制造无误,由于冲压件材料力学性能和板料偏差等等因素,会出现弯曲后的回弹和拉深后的起皱及拉裂,一次试模就能达到产品的设计要求是比较困难的,有时需要多次修模才能满足产品要求的情况并不少见。从模具设计、制造、安装、调试及修整全过程看来,出现复杂冲裁模不复杂,简单弯曲模或简单拉深模不简单的情况是很正常的。

第三节 冲裁模设计与制造

一、冲裁模结构设计

冲裁零件千差万别,尺寸从几毫米到十几米,与之对应的模具结构也各不相同,模具设计者主要考虑的是：模具结构是否能完成冲裁的动作，即工作原理是否能实现冲压产品的生产，是否能达到冲压件设计要求；其他考虑的是：模具结构是否考虑了冲压件产品的年产量，生产效率，模具的成本，生产周期及零件所能达到的精度尺寸要求等；除此之外，操作者能够承受的劳动强度，操作的安全性，冲床的利用率，起吊和运输及防护安全装置等等，也是不可忽视的。简单的来说，模具设计就是要在冲床滑块下来这个很短的时间内完全成冲裁动作，滑块上升时取料或送入材料。至于究竟所设计的模具是属于什么样类型或者称呼为何种名称的模具，关系并不大。

图 2-54 是一字型旋杆（45 圆钢，
ϕ10mm）压制后要冲切去除前端面的冲裁模
具结构（图 2-55）。旋杆冲压加工过程如下：
圆钢先被自动送料进入旋转盘上用夹具夹
紧，并随转盘转动，圆钢经过压扁前部工序
后，转到冲切前端面工序冲切前端面，再转

图 2-54　压制后的一字型旋杆(45 圆钢，ϕ10mm)

到冲切两端面后进入出料工位出料。因为是自动化作业，机构的每个工序的工位都是精确定位的，此模具没有考虑设置定位装置。压扁后半成品随转盘转过来直接将要被冲切的材料送入冲切模具中就可冲切，然后转出去接着下一工序。如果不是自动冲压作业，每一道工序分别是手工进行操作的，则冲切模具上就要考虑精确的定位了，因为一字型旋杆有对称度要求，要在压扁后的形状的基础上冲切两端面和前端面就必须要精确的定位。

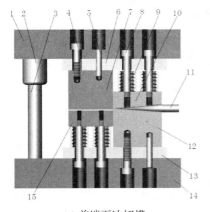

(a) 前端面冲切模

(b) 前端面冲切模实物

1. 上模板　2. 导套　3. 导柱　4. 紧固螺钉　5. 销钉　6. 上垫板　7. 上冲切刃　8. 托钉
9. 弹　10. 压料板　11. 工件　12. 下冲切刃　13. 下垫板　14. 下模板　15. 推板

图 2-55　前端面冲切模和实物

如图 2-56(a)所示是某汽车纵梁部分视图，该零件的生产过程是先冲孔后弯曲，冲孔是将弯曲件按中性层展开，平板上冲出所有孔（图 2-56(b)）。

弯曲是以冲制的 ϕ35mm 工艺孔定位；这种生产方式容易在弯曲后产生回弹，不容易控制孔的位置尺寸，另一种生产方式是先弯曲，然后在相互垂直的两个方向上冲孔，如果采用此种模具，则结构复杂，或者采用三维数控冲床，但成本比较高。所以大部分汽车纵梁的生产是先在弯曲件展开的平面上冲出所有孔，再弯曲。图 2-57 汽车纵梁冲孔模。

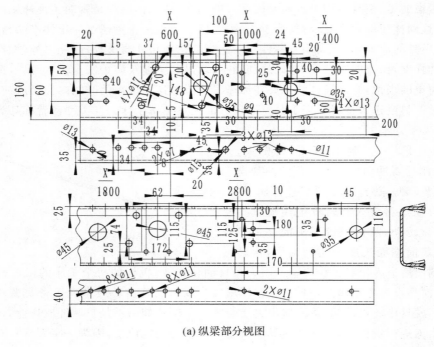

(a) 纵梁部分视图

(b) 纵梁展开冲孔

图 2-56　汽车纵梁

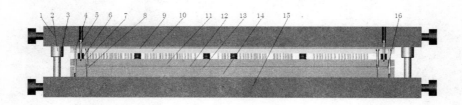

1. 上模板　2. 导套　3. 导柱　4. 小导柱　5. 退料螺钉　6. 弹簧　7. 凸模组件
8. 凹模组件　9. 凸模组件　10. 凸模固定板组件　11. 卸料板　12. 工件
13. 凹模固定板组件　14. 凹模垫板组件　15. 下模板　16. 定位销

图 2-57　汽车纵梁冲孔模

　　模具结构设计和制造要点是：(1)孔的数量多，约200多个孔，最小直径ϕ9mm和最大直径ϕ45mm同时冲孔，小孔凸模直径接近冲裁板料厚度，凸模很容易折断，因此要加装保护套，提高凸模纵向抗弯能力；(2)采用的卸料板比较厚，尺寸比较大，卸料板可能在冲孔工作过程中晃动，横向撞击凸模，使凸模损坏，所以还要考虑在卸料板上加装小导柱；(3)小凸模很容易折断，可考虑设计快换小凸模，以便小凸模折断后迅速容易地更换，但快换小凸模工作的可靠性不如加装保护套的小凸模；(4)模具总体尺寸很大，模具在搬移，运输，装配时要

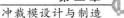

考虑在上下模板上都要设计吊装机构或吊装凸台;(5)如果空间位置不影响凸模和凹模安装固定,凸模和凹模尽量就分开用凸模和凹模固定板安装;(6)上模板和下模板采用铸件,由于被冲的孔比较多,提高平整度对凸模的安装比较有利,可以更有效地防止凸模折断,所以,铸件的上模板和下模板的两个平面要求是磨削。(7)卸料板要求是整体铸钢;弹性元件除采用弹簧外也可考虑采用橡皮。

图 2-58 是一个锥面异形孔件,要求冲出锥面上的孔,由于 4 个异形孔平面投影相隔 90° 均布在锥面上,模具结构可设计成两种结构形式,一种是如图 2-59 锥面立式结构的冲孔模,凸模、凹模均按零件锥角做成一定的斜度,这种模具结构比较简单,模具成本也低,冲出来的零件尚能满足要求,目前生产同类产品中,也有厂家用此结

图 2-58　异形孔件

构,其中有些在凸模上增加了保护套。但是这种模具中的凸模 4、凹模 9 受力状况不甚理想,尤其是在使用一段时间以后,凸模和凹模刃口磨损很快,而且根据受力分析,凸模会受到一个侧向力的作用,进而凸模受到弯矩,凸模就容易折断,故经常要修磨或更换凸、凹模,尤其是凸模的更换,不仅增加了工作量,而且模具的使用寿命比较短。这副模具的特点是制造简单:如制造凸模是先取圆棒经车削加工,然后按与锥面一致的角度切断,经热处理及磨削就完成了凸模的制造,其余零件都是一些常规的加工方法就可。

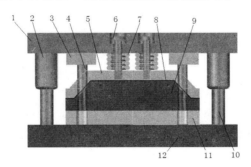

1. 上模板　2. 导套　3. 凸模固定板　4. 凸模　5. 压料圈　6. 卸料螺钉
7. 卸料弹　8. 工件　9. 凹模　10. 导柱　11. 垫板　12.下模板

图 2-59　锥面立式结构的冲孔模

如采用斜楔机构,将 4 个锥面异形孔改为锥面法向冲孔的斜楔模具(图 2-60),虽然从结构上看,较立式冲模复杂,但能改善凸模和凹 模的受力状况,不但提高了零件的冲裁质量,也提高了模具的使用寿命。模具工作过程:

将半成品工件零件 9 放在凹模 13 上,当机床滑块下行,先用压料圈 8 压住工件,与锥面吻合。机床滑块继续下行,斜楔 3 顶动凸模 4,凸模弹簧 5 受压缩,即完成了一个冲裁过程,将废料冲下,随机床漏料孔排出。然后机床滑块上行,凸模弹簧受压后,在恢复过程中,将凸模顶回初始状态。模具主要零件受力分析及参数的确定:

斜楔角度的确定,根据一般资料介绍,斜楔角度 α=30°～60°较合适。此外,由于零件锥角为 38°,同时也考虑到模具中的凸模和凹模受力状况和模具制造,取斜楔角度 α=52°。

上模板 1 与斜楔 3,模 6 与下模板 1 分别用螺钉固定联接。

零件的定位是采用根据上道拉伸工序的凸模形状尺寸配作凹模,并使凹模圆周尺寸略小于半成品拉伸件内径尺寸,单边间隙控制在 0.5mm 内。凸模和凹模型材料均用 T10A,淬火硬度 65 HRC。斜楔用 20 钢,圆柱形,淬火硬度 58-62HRC,斜楔的斜面经渗碳处理,渗层 0.8～1.2mm。模具制造除了斜楔采用电脉冲机床加工外,其余零件也都是一些一般的加工机床都可完成的。本模具制造的关键点:由于凸模有 4 个,并且是同时完成冲孔的,斜楔与凸模上端相互运动面经装配后,要经磨削调试。以保证 4 个凸模同步运动。

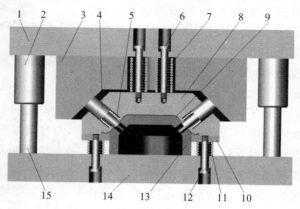

1. 上模板　2. 导套　3. 斜楔　4. 凸模　5. 凸模弹簧　6. 上卸料螺钉　7. 上卸料弹簧　8. 压料圈
9. 工件　10. 卸料　11. 下卸料弹簧　12. 下卸料螺钉　13. 凹模　14. 下模板　15. 导柱

图 2-60　锥面法向冲孔的斜楔模具

二、冲裁模设计步骤

(一)冲裁模设计的一般步骤

(1)收集和分析原始资料;

(2)对冲裁件进行工艺分析;

(3)确定冲裁工艺方案;

(4)选取模具结构类型;

(5)进行必要的工艺计算;

1)计算冲裁力、卸料力、推件力及顶件力等,初选压力机的吨位,工作台尺寸等;

2)计算模具压力中心;

3)计算凸、凹模工作部分尺寸并确定制造公差;

4)弹性元件(弹簧或橡胶)的选用与计算;

5)必要时,还要对模具的主要零件进行强度及刚度的校核。

(6)选择与模具的主要零部件的结构与尺寸;

(7)对所选压力机的型号进行确认及验算;

(8)绘制模具总装配图及各非标的零件图。

如图 2-3 垫板,冲裁模设计的具体步骤如下:

1. 工艺分析和计算

分析:此工件材料厚度 2mm,尺寸精度不高,没有冲压所不允许的尖角,该冲孔件冲两小孔,且孔偏差比较大,两孔相距 40mm,为自由公差,满足冲孔工艺和模具设计要求,模具的冲裁中心即为其零件的几何中心,不必进行压力中心计算。在进行如上冲压工艺分析后,不可忽视的要对冲压件产品产量进行分析计算,如果冲压件产量不高,为小批量生产,一般小于 5 万件/年及以下的,即使冲压件满足冲压(模具)生产,也可认为不适合进行模具设计,而采用钻床钻孔进行孔的加工比较合适。可以这么说,冲压件加工的对象一定是板料,反过来,板料不一定非得采用冲压模具的生产方式。如果所加工的零件数量不满足冲压模具的低成本生产,采用其他生产方法是完全可以的。如在试制复杂拉深件时,毛坯往往不能一次性能明确地确定其形状和尺寸,此时毛坯的下料可考虑用线切割不料,多块钢板叠在一起下料。直到能确定毛坯的形状和尺寸后,大批量生产时,再考虑设计落料模进行冲压生产。

计算部分:

(1)冲裁力 $F = Lt\sigma_b = 2\pi \times 10 \times 2 \times 450 = 56520$(N);

(2)卸料力 $F_x = K_x F = 56520 \times 0.04 = 1696$(N);

(3)选择弹簧为 $2.5 \times 22 \times 52$,个数 6 个(计算步骤略);

(4)凸凹模刃口尺寸计算:$d_p = (d + x\Delta)_{-\delta_p}^{0} = (10 + 0.5 \times 0.34)_{-0.02}^{0} = 10.17_{-0.02}^{0}$(mm)

$d_d = (d_p + 2C_{min})_0^{+\delta_d} = (d + x\Delta + 2C_{min})_0^{+\delta_d} = (10.17 + 2 \times 0.123)_0^{+0.02} = 10.416_0^{+0.02}$(mm)

说明:选择冲床时,首先按所需吨位选,冲裁所需总的冲压力不大于冲床公称压力。但如果模具尺寸比较大,就要按工作台来先选择。另外,企业生产中,冲床总是有限的几台或多台,实际上也就是在这有限的几台冲床中略作一番比较。弹性元件也可考虑橡皮,相对噪声比较小,计算的卸料力比较大或比较小了,橡皮调整起来是比较方便,比如选择圆柱类型的聚氨酯橡胶,一般选择直径比较大一些的,如弹力太大了,则用车削加工减小直径即可。

2. 模具装配图设计

设计模具可以先画总装配图,再画零件图;或者先画零件图,在零件图的基础上再画装配图,这样的好处是容易发现每个零件的尺寸是对了或错了,可及时修改。

(1)最好是按 1:1 的比例,先画出板料冲孔完成时的工作状态,模具所有的尺寸都是根据被冲孔的尺寸设计出来的。一般对于板料冲裁,要使板料相互之间完全分离,则板料脱开的距离为 0.5~1mm,为方便和圆整,取 1mm 为宜(图 2-61(a));画的时候,主视图画出时,同时也画出俯视图,画俯视图的目的是:在根据要冲孔的以外部分布置螺钉和销钉等比较方便,另外可选择或设计画出上模板或下模板,确定上模板或下模板究竟要多大的尺寸的模板或模块。画销钉孔要离开冲裁刃口越远越好,并对角布置。

(2)按照冲孔时的工作状态,根据冲孔所计算的凸模和凹模刃口尺寸查有关模具设计手册,画出凸模和凹模的形状,凸模和凹模高度分别是 60mm,25mm,凸模和凹模细节可不必画出(图 2-61(b))。

(3)画出凸模固定板,凹模固定板,并画出凹模固定板上的定位销;凸模固定板的高度可查模具设计手册,或一般取 25~35mm;凸模固定板厚度取 25mm,凹模固定板厚度取 24mm,凹模固定板上平面比凹模上平面低 1mm,与凸模冲入凹模口内距离相同。画出定位销大小 $\phi10$mm 和位置(图 2-61(c))。

(4)画出凸模垫板和凹模垫板

凸模垫板和凹模垫板的厚度取相同,一般为 8~15mm;此处取 8mm,图 2-61(d)。

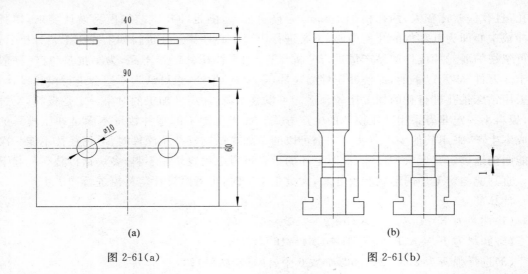

(a)

图 2-61(a)

(b)

图 2-61(b)

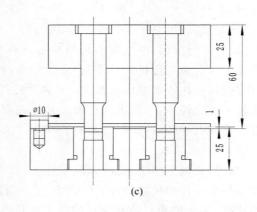

(c)

图 2-61(c)

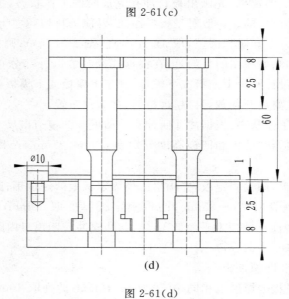

(d)

图 2-61(d)

（5）画出下模垫板

增加下模垫板目的是能开设斜槽，为的是侧面出料，废料漏到下模板上取出废料比较方便。斜槽的角度水平面与斜面的夹角一般取 35^0 以上。夹角越大出料越方便，但会增加下模垫板的厚度。下模垫板的厚度取 30mm，图 2-61（e）。

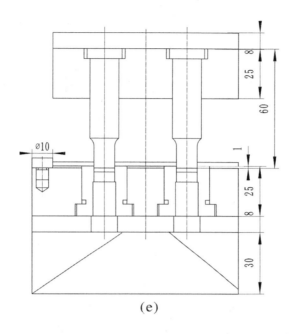

（e）

图 2-61（e）

（6）模具取销钉 ϕ10mm，螺钉 M8，销钉与螺钉的沉孔相同为 ϕ16mm。取板料的长为基本尺寸，凸模固定板和凸模垫板的长度与板料长度相同，宽度加宽为 65mm（图 2-61（f）），凹模固定板、凹模垫板及下模垫板加长和加宽。画凹模固定板，凹模垫板及下模板上螺钉及销钉位置见图 2-61（g）。

（7）画卸料板，卸料板不能过薄，过薄容易弯曲变形。一般取 20～50mm 左右，具体还要视工件尺寸厚薄大小而定，取 20mm。见图 2-61（h）。

（8）选择并画下模板

设计下模板可查模具设计手册，允许其中的有些尺寸略加修改。设计的模板要使得导柱与模具工作零件（下模垫板）分开距离为 20～50mm；下模板厚度取 35mm，见图 2-61（i）。

（9）选择并画上模板

设计上模板可查模具设计手册，允许其中的有些尺寸略加修改。设计的模板要使得导套与模具工作零件（卸料板）分开距离为 20～50mm；下模板厚度取 35mm，见图 2-61（j）。

（10）画出卸料螺钉，上和下模板，导柱导套，弹性元件（弹簧），最后注上模具的闭合高度（图 2-61（k））。

（11）完成模具图（图 2-61（l））。

最后按一般工艺装备的要求，标出引出线和序号，选择合适的图幅，图框，调入标题栏，填写标题栏及零件各项要求，右上角画出工序图并写上工序的信息如板厚、工序名称等就完

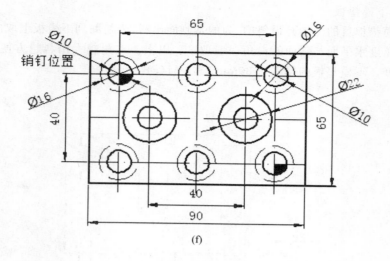

图 2-61(f)

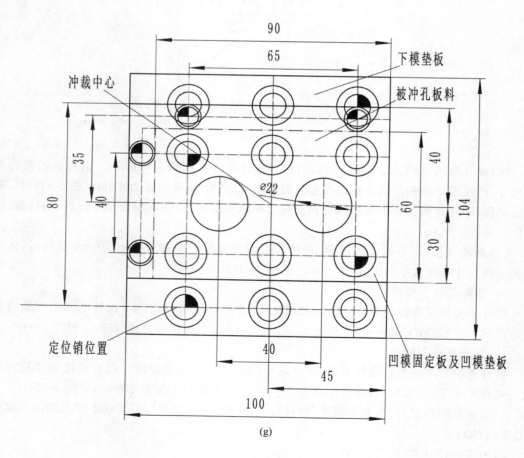

图 2-61(g)

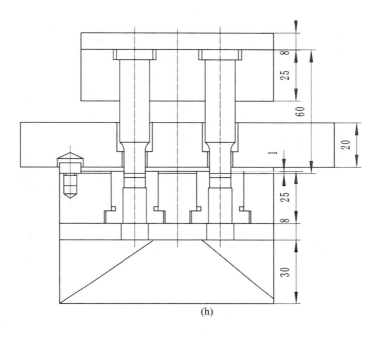

(h)

图 2-61(h)

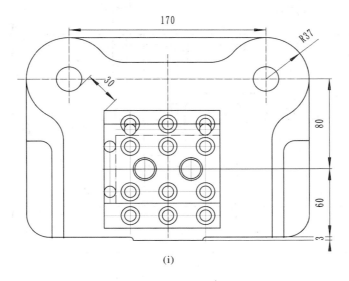

(i)

图 2-61(i)

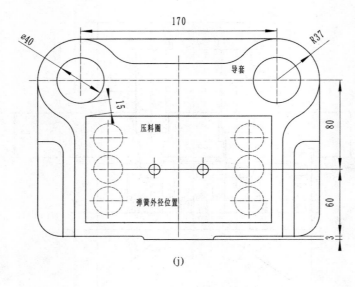

(j)

图 2-61(j)

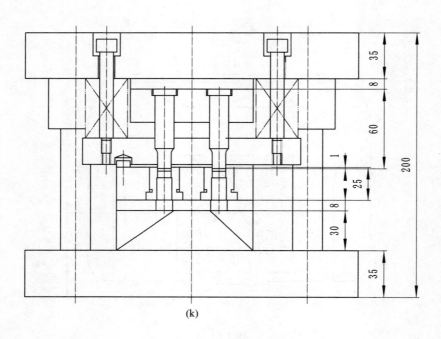

(k)

图 2-61(k)

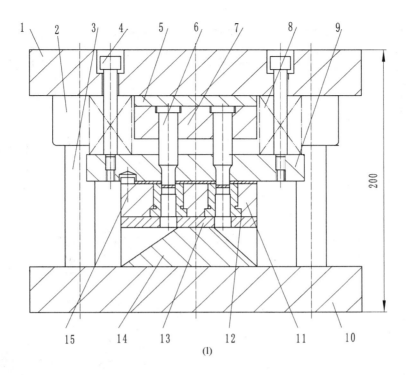

1. 上模板　2. 导套　3. 导柱　4. 卸料螺钉　5. 凸模垫板　6. 凸模　7. 凸模固定板　8. 弹簧
9. 压料圈　10. 下模板　11. 凹模固定板　12. 凹模　13. 凹模垫板　14. 下模垫板　15. 定位销

图 2-61　垫板冲孔模

成了装配图的设计要求(参考图 2-12)。

三、冲裁模主要零部件设计与制造

(一)模具零件图设计

1. 凸模

常见的凸模结构型式如图 2-62 所示。图 2-62(a)是圆形断面标准凸模,为避免应力集中和保证强度与刚度方面的要求,做成圆滑过度的阶梯形。适用于直径 $\phi1 \sim \phi28$ 毫米。图 2-62(b)是冲制直径 $\phi8 \sim \phi30$ 毫米的凸模结构型式,为了改善凸模强度,可在中部增加过渡阶段(图 2-62(c))。图 2-62(d)是冲制孔径与料厚相近的小孔所用凸模的一种型式,采用护套结构既可以提高抗纵向弯曲的能力,又能节省模具钢而达到经济效果。图 2-62(e)是冲裁大件常用的结构型式。以上都是一些设计要求,实际加工装配时还要考虑到加工和装配的工艺要求。

凸模长度 L 应根据模具的结构确定。采用固定卸料板和导尺时(图 2-63),凸模长度应该为

$$L = H_1 + H_2 + H_3 + H \tag{2-34}$$

式中　H_1——固定板厚度;

　　　H_2——卸料板厚度;

　　　H_3——导尺厚度;

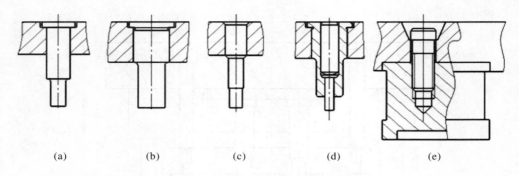

图 2-62　凸模的结构形式

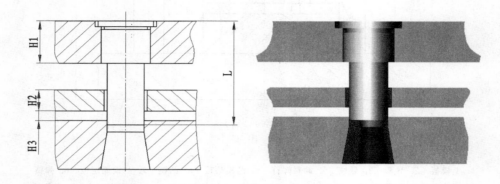

图 2-63　凸模的长度的确定

H——附加长度,主要考虑凸模进入凹模的深度(0.5～1mm)、总修磨量(10～15mm)及模具闭合状态下卸料板到凸模固定板间的安全距离(15～20mm)等因素确定。

在一般情况下,凸模的强度是足够的,所以没有必要作强度校验。但是,在凸模特别细长或凸模的断面尺寸很小而坯料厚度较大的情况下,必须进行包括承压能力和抗纵向弯曲能力两方面的校验。

(1)承压能力校验

圆断面凸模的承压能力的计算,应按凸模最小危险断面压应力必须要小于凸模材料的许可压应力,即

$$A \geqslant \frac{F}{[\sigma_c]} \tag{2-35}$$

或

$$d_{\min} \geqslant \frac{4t\tau_b}{[\sigma_c]} \tag{2-36}$$

式中　A——凸模最小危险面积(mm);

F——凸模冲裁力(N);

t——材料厚度(mm);

$d_{\min}$——凸模工作部分最小直径(mm);

τ_b——凸模材料抗剪强度(N/mm²);

$[\sigma_c]$——凸模材料许用抗压强度(N/mm²)。

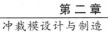

凸模材料的许用抗压强度$[\sigma_c]$决定于材料、热处理和冲模的结构,当$[\sigma_c]=(1500\sim 2100)\,\mathrm{N/mm^2}$时,可能达到的最小相对值直径$(d/t)_{\min}$之值列于表 2-20。表中 t 为板料厚度。

表 2-20 　最小的允许凸模相对直径

材料	抗剪强度($\mathrm{N/mm^2}$)	相对直径$(d/t)_{\min}$
低碳钢	260	$0.5\sim 0.7$
黄铜	320	$0.61\sim 0.85$
不锈钢	520	$0.99\sim 1.38$
硅钢片	450	$0.86\sim 0.2$

（2）失稳弯曲应力校验

导板模的凸模的受力情况近似于一端固定另一端铰支的压杆。因此,凸模不发生失稳弯曲的最大值冲裁力 F 可用欧拉极限压力公式确定

$$F=\frac{2\pi^2 EJ}{l^2} \tag{2-37}$$

式中　E——凸模材料的弹性模数；

$\quad\quad J$——凸模最小横断面的轴惯性矩；

$\quad\quad l$——凸模长度。

圆形断面凸模的断面轴惯性矩 $J=\dfrac{\pi d^4}{64}\approx 0.05d^4$,故有

$$F=\frac{Ed^4}{l^2} \tag{2-38}$$

如取安全系数为 n 时,凸模不发生失稳弯曲的条件应为

$$nF\leqslant\frac{Ed^4}{l^2} \tag{2-39}$$

故圆形断面凸模不失稳弯曲的极限长度 l

$$l\leqslant\sqrt{\frac{Ed^4}{nF}} \tag{2-40}$$

将冲裁力之值 $F=\pi dt\sigma_b$ 代入上式,可得

$$l\leqslant 0.55\sqrt{\frac{Ed^3}{nt\sigma_b}} \tag{2-41}$$

式中　F——冲裁力（N）；

$\quad\quad d$——凸模直径（mm）；

$\quad\quad E$——凸模材料的弹性模数,一般模具钢为 $2.2\times10^5\,\mathrm{N/mm^2}$；

$\quad\quad n$——安全系数,淬火钢 $n=2\sim 3$；

$\quad\quad t$——毛坯厚度（mm）；

$\quad\quad \sigma_b$——毛坯材料强度极限（$\mathrm{N/mm^2}$）。

将 E、n 值代入式（2-41）可得直径为 d 有导板导向的圆断面凸模的极限长度为

$$l\leqslant 270\frac{d^2}{\sqrt{F}} \tag{2-42}$$

对于无导板导向的凸模,其受力情况近似于一端固定另一端自由的压杆。同样可得

$$l \leqslant 0.35 \sqrt{\frac{Ed^4}{nF}} \tag{2-43}$$

或者

$$l \leqslant 0.20 \sqrt{\frac{Ed^3}{nt\sigma_b}} \tag{2-44}$$

$$l \leqslant 95 \frac{d^2}{\sqrt{F}} \tag{2-45}$$

同理,可得一般形状凸模不发生失稳弯曲的极限长度为:
有导板导向的凸模

$$l \leqslant 1200 \sqrt{\frac{J}{F}} \tag{2-46}$$

无导板导向的凸模

$$l \leqslant 425 \sqrt{\frac{J}{F}} \tag{2-47}$$

由上述计算公式可知,圆形断面凸模不致发生失稳弯曲的极限长度与凸模断面尺寸、毛坯厚度及其力学性能有直接关系。凸模工作时,除承受冲裁力引起的压应力之外,还要承受卸料时引起的拉应力。由于凸模承受很强烈的压缩与拉伸交变的冲击载荷,而且凸模刃口处又不可避免存在较大的应力集中现象,所以凸模也经常出现疲劳破坏。在小孔厚料或者较硬材料的高速冲裁时,凸模发生疲劳破坏的现象更加突出。因此,应该注意凸模材料及其热处理规范的选用,必须同时兼顾硬度与韧性两方面的综合要求。对于圆形凸模可参照上述要求进行计算得到。对于非圆形凸模长度或高度,长期以来,从事冲压生产行业的生产者试图建立冲裁力与非圆形凸模长度或高度的尺寸关系。由实验研究得到,对于尺寸很大的非规则凸模,长度或高度与冲裁力之间的近似关系为

$$H = \sqrt[3]{F} \tag{2-48}$$

式中　H——凸模长度或高度(mm);

　　　　F——冲裁力(kg)。

在采用式(2-48)时,H 要兼顾到模具的具体结构设计要求。

根据上述设计要求并参照有关模具设计标准,垫板冲孔模凸模如图 2-64 所示。

2. 凹模

图 2-65 为几种常见的凹模孔口型式:图 2-65(a)为锥形凹模,冲裁件容易通过,凹模磨损后的修磨量较小,但刃口强度较低,孔口尺寸在修磨后略有增大。凹模刃口角度:一般在电加工时,取 $a = 4' \sim 20'$(落料模<10',复合模 5'左右);机械加工经钳工精修时,取 $a = 5' \sim 30'$。一般用于形状简单,精度要求不高零件的冲裁。图 2-65(b)为柱孔口锥形凹模,刃口强度较高,修磨后孔口尺寸不变,但是在孔口内可能积存冲裁件,增加冲裁力和孔壁的磨损。磨损后每次的修磨量较大,所以模具的总寿命较低。另外,磨损后可能形成孔口的倒锥形状,使冲成的零件从孔口反跳到凹模表面上造成操作上的困难。柱形部分的高度 h 与板料厚度有关。为便于冲裁件通过,斜角常取为 $\beta = 2° \sim 3°$(电火花加工时,$\beta = 30' \sim 50'$,使用带斜度装置的线切割机时 $\beta = 1° \sim 1.5°$)。适用于形状复杂或精度要求较高的冲裁。图 2-65(c)为柱形或锥形孔口的筒形凹模,可以在凹模背面预先铣削出一定的形状的槽,然后再电

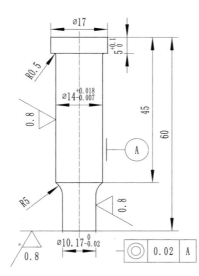

图 2-64　凸模

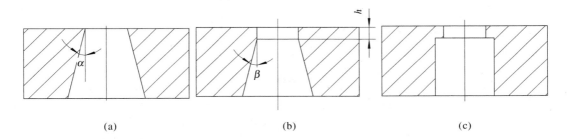

(a)　　　　　　　　　(b)　　　　　　　　　(c)

图 2-65　凹模的孔口型式

加工出柱形或锥形孔口,以提高加工效率。

　　冲裁时凹模承受冲裁力和侧向力的作用。由于凹模的结构型式不一,受力状态又比较复杂,目前还不可能用理论计算方法确定凹模尺寸。

　　在生产中,时常根据冲裁件的轮廓尺寸和板料的厚度,按下列经验公式概略地计算(图 2-66)凹模的尺寸。凹模厚度计算:

$$H = Kb \quad (\geqslant 15\text{mm}) \tag{2-49}$$

　　对非规则并且尺寸很大的冲裁件,同样也可按式(2-49)计算凹模厚度。只是计算出来的是最小凹模厚度,具体要根据模具结构最后确定。

　　凹模壁厚(或由刃口到外边缘的距离)

$$C = (1.5 \sim 2)H \quad (\geqslant 30 \sim 40\text{mm}) \tag{2-50}$$

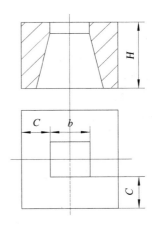

图 2-66　凹模尺寸的确定

式中　b——冲裁件最大外形尺寸;

　　　　K——系数,考虑坯料厚度的影响,其值可查表 2-21。

表 2-21　系数 K 值

b ＼ t	0.5	1	2	3	>3
<80	0.3	0.35	0.42	0.5	0.6
50~100	0.2	0.22	0.28	0.35	0.42
100~200	0.15	0.18	0.2	0.24	0.3
>200	0.1	0.12	0.15	0.18	0.22

　　上述方法适用于确定普通工具钢经过正常热处理,并在平面支撑条件下工作的凹模尺寸。冲裁件形状简单时,壁厚系数取偏小值,形状复杂时取用偏大值。用于大批量生产条件下的凹模,其高度应该在计算结果中增加总的修磨量。垫板冲孔模凹模如图 2-67 所示。

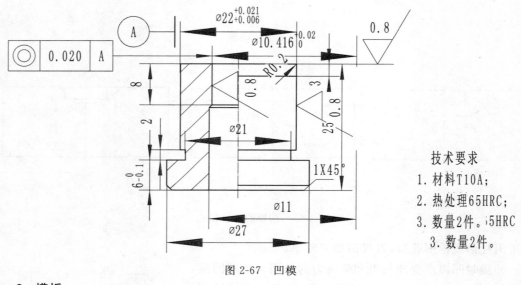

图 2-67　凹模

技术要求
1. 材料 T10A;
2. 热处理 65HRC;
3. 数量 2 件。

3. 模板

　　在上、下模板(或称模座)上安装全部模具零件,构成模具的总体,并分别与压力机的滑块和工作台连接传递压力。模板不仅应该具有足够的强度,而且还要有足够的刚度。刚度问题往往容易被忽视,如果刚度不足,工作时会产生严重的弹性变形而导致模具零件迅速磨损或破坏。

　　模板或模座材料一般采用铸铁、铸钢件、Q235 或 45 号钢等。模座的形式多样,图 2-68 是导柱位置不同的带模柄的模架。模具设计时,尽量选用标准整体模架或模板。只有在不能使用标准的特殊情况下才进行模板设计,无论是选用或自行设计,圆形模板的外径应比圆形凹模直径大 30~70mm,以便安装和固定。矩形模板的长度应比凹模长度大 40~70mm,而宽度取与凹模宽度相同或稍大的尺寸。模座轮廓尺寸应比冲床工作台漏料孔至少大 40 ~50 毫米。模板厚度可参照凹模厚度估算,通常为凹模厚度的 1~1.5 倍。所选用或设计的模板必须与板料送入输出,操作的方便程度等相适应,以及与所选取的压力机的工作台和滑块的有关尺寸相适应并进行必要的校核。大型模板（一般不带模柄）为起吊运输方便和安全，模板上可整体铸造出起吊凸耳或安装起吊螺钉（图 2-69），起吊螺钉是在模座上预先加工出直径比较大的螺纹孔，起吊运输维修时再旋进螺钉。工作台上安装模具时，要考虑到模座尺寸包括起吊凸耳。

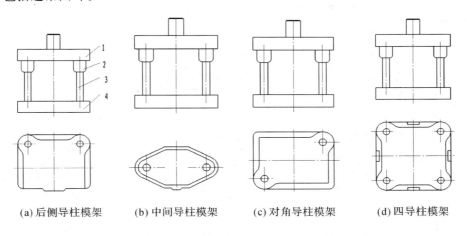

(a) 后侧导柱模架　　(b) 中间导柱模架　　(c) 对角导柱模架　　(d) 四导柱模架

1. 上模板　2. 导套　3. 导柱　4. 下模板

图 2-68　导柱位置不同的模架

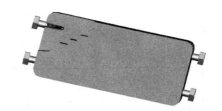

(a) 整体铸造出起吊凸耳的下模板　　　　(b) 安装有起吊螺钉的下模板

图 2-69　考虑起吊运输的下模板

图 2-70 是垫板冲孔模上模板和下模板。

4. 凸模固定板与垫板

凸模固定板与垫板用凸模固定板将凸模连接固定在模板的正确位置上。凸模固定板有圆形与矩形两种，其平面尺寸除保证能安装凸模外，还应该能够正确的安放定位销钉和紧固螺钉。其厚度一般取等于凹模厚度的 $60\%\sim80\%$。固定板与凸模采用过渡配合，压装后将凸模尾部与固定板一起磨平（图 2-71）。

凸模固定板和凸模装配磨平后，在与上模板安装时，一般中间还要有一块垫板。

垫板的作用是分散凸模传来的压力，防止模板被压挤损伤。

凸模端面对模板的单位压力为

$$\sigma=\frac{F}{A} \tag{2-51}$$

式中　F——冲裁力（N）；

　　　A——凸模支承端面积（mm^2）。

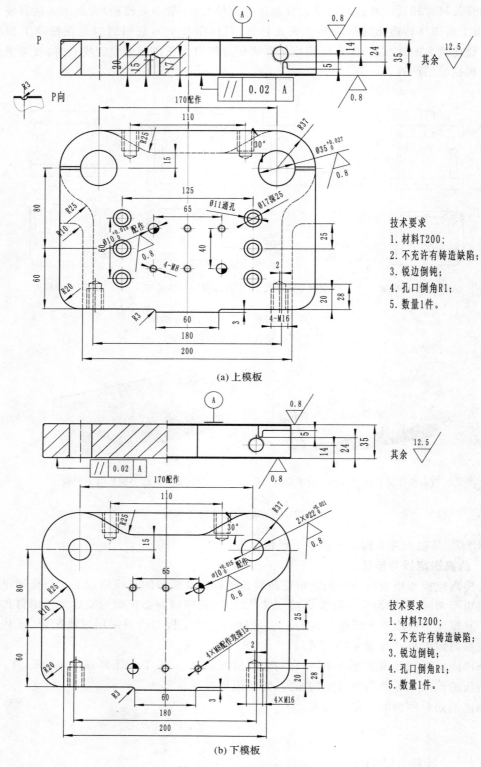

(a) 上模板

技术要求

1. 材料T200；
2. 不充许有铸造缺陷；
3. 锐边倒钝；
4. 孔口倒角R1；
5. 数量1件。

(b) 下模板

技术要求

1. 材料T200；
2. 不充许有铸造缺陷；
3. 锐边倒钝；
4. 孔口倒角R1；
5. 数量1件。

图 2-70 上模板和下模板

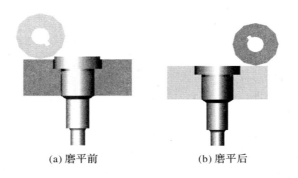

(a) 磨平前　　　　　　　(b) 磨平后

图 2-71　固定板与凸模

如果凸模端面上的单位压力大于模板材料的许用挤压应力时，就需要在凸模支承面上加一淬硬磨平的垫板（图 2-72(a)）；如果凸模端面上的单位压力不大于模板材料的许用挤压应力时，可以不加垫板（图 2-72(b)）。垫板厚度一般取 8～15 毫米。

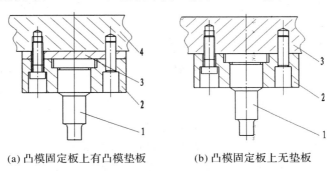

(a) 凸模固定板上有凸模垫板　　　　　(b) 凸模固定板上无垫板

图 2-72　凸模支承面与上模板连接

图 2-73 和图纸-74 分别是垫板冲孔模凸模固定板和凸模垫板。

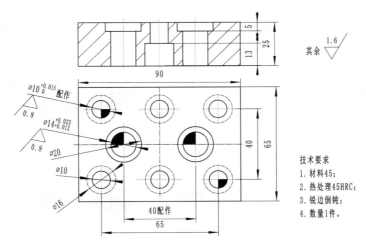

技术要求
1. 材料45；
2. 热处理45HRC；
3. 锐边倒钝；
4. 数量1件。

1. 凸模　2. 凸模固定板　3. 凸模垫板　4. 上模板

图 2-73　凸模固定板

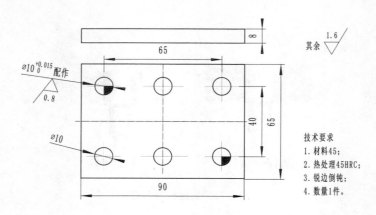

图 2-74　凸模垫板

技术要求
1. 材料45;
2. 热处理45HRC;
3. 锐边倒钝;
4. 数量1件。

5. 导柱与导套

对生产批量较大、零件公差要求高,寿命要求较长的模具,一般都采用导向装置,常用的导向装置一般有导板式和导柱导套式(图 2-75)。导板的导向孔按凸模断面形状加工,采用二级精度动配合。模具工作时凸模始终不脱离导板,从而起到导向作用。为了得到可靠的导向作用,导板必须具有足够的厚度,一般取等于或稍小于凹模厚度。导板的平面尺寸取与凹模相同。

在冲压加工零件的形状比较复杂时,而导板加工比较困难,为了避免热处理时的变形,时常不进行热处理,所以其耐磨性能差,实际上很难达到和保持可靠与稳定的导向精度。生产中经常采用导柱,导套方式导向。大型模具多用阶梯形导柱,其大端直径取等于导套的外径,从而使上,下模板安装导柱,导套的孔径相等,可以在一般的设备上同时加工保证同心度。中,小型模具多用圆柱形导柱,使导柱加工容易。为了导向的可靠性,增加导向部分长度,取导套长度比模板的厚度大。要求导柱和导套具有耐磨性与足够的韧性,一般用低碳钢(如 20 号钢)制造,经表面渗碳,淬火,导套的硬度应低于导柱。一般导柱与下模板过盈配合,与导套间隙配合,而导套与上模板过渡配合。导柱与导套间隙配合值要小于冲裁间隙值。当冲模工作速度较高或对冲模精度要求较高时,可以采用滚动式的导柱,导套装置导

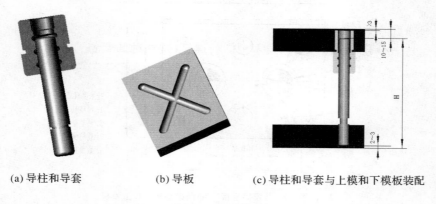

(a) 导柱和导套　　　　　(b) 导板　　　　　(c) 导柱和导套与上模和下模板装配

图 2-75　导向零件

向。导向结构都已标准化。设计时除参考的国家标准及相关模具设计手册外。要根据所设计的模具的实际闭合高度,一般还要按模板厚度(模架高度)尺寸确定(图 2-75(c))。并保证有足够的导向长度。自行设计制造成四导柱模架时,其中一对装配在一起的导柱和导套直径要与其他三对要有比较明显的不同,以便于安装。

图 2-76 和图 2-77 分别是垫板冲孔模的导柱与导套。

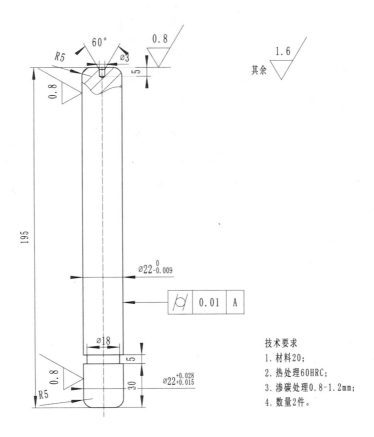

技术要求
1. 材料20;
2. 热处理60HRC;
3. 渗碳处理0.8-1.2mm;
4. 数量2件。

图 2-76　导柱

6. 卸料螺钉

冲压模具一般有一字形和内六角两种卸料螺钉,这两种卸料螺钉虽然都可作为卸料螺钉用,相比较而言,安装效果略有所不同,一般情况下,一字形卸料螺钉采用一字形旋杆安装,用力有限;而内六角卸料螺钉采用内六角扳手,相对施加的力可大一些,所以内六角螺钉安装更加紧实一些。垫板冲孔模采用内六角螺钉设计图如图 2-78 所示。

7. 压料圈

压料圈厚度设计不能过薄,否则板料冲裁时,可能由于有些板材不够平整或没有达到标准,使得冲裁质量受到影响,尤其是拉深时的压料圈更是不能过薄。垫板冲孔模压料圈设计图如图 2-79 所示。

8. 弹簧

冲模中的弹簧可采用外购或自行设计,外购弹簧自由高度一般是不太合适所设计的冲

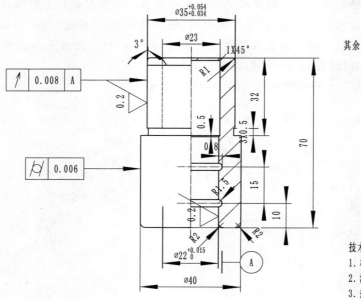

技术要求
1. 材料45；
2. 渗碳0.8-1.2mm；
3. 热处理45HRC；
4. 数量2件。

图 2-77　导套

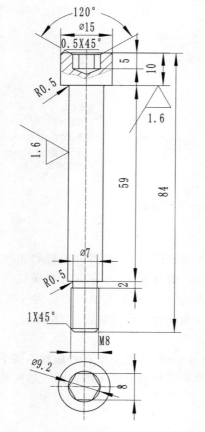

技术要求
1. 材料45；
2. 热处理45HRC；
3. 数量6件。

图 2-78　卸料螺钉

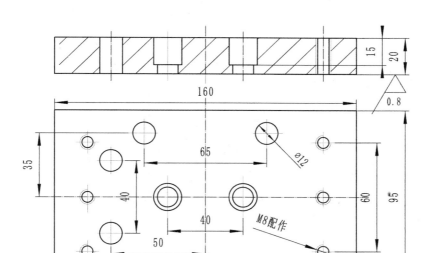

图 2-79　压料圈

模的,可进行切割成所需要的自由高度再两端磨平。自行弹簧设计可参照模具设计手册。垫板冲孔模弹簧设计图如图 2-80 所示。

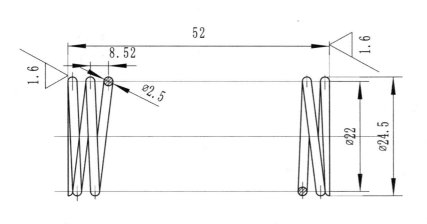

技术要求

1. 材料65Mn;

2. 热处理65HRC;

3. 有效圈数n=5.5圈;

4. 数量6件。

图 2-80　弹簧

9. 凹模固定板和凹模垫板

凹模固定板和凹模垫板的作用类似于凸模固定板和凸模垫板的作用。图 2-81 和图 2-82分别是垫板冲孔模的凹模固定板和凹模垫板。

10. 下模垫板

下模垫板是作用主要便于是漏料出料。图 2-83 是垫板冲孔模的下模垫板设计图。

11. 定位零件

模具正常工作并冲出合格的制件,要求在送进的平面内,坯料(块料、条料)相对于模具

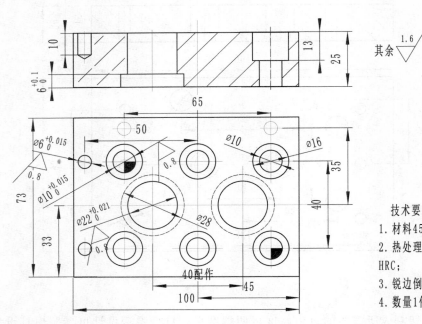

其余 $\sqrt{\dfrac{1.6}{}}$

技术要求
1. 材料45；
2. 热处理45 HRC；
3. 锐边倒钝；
4. 数量1件。

图 2-81　凹模固定板

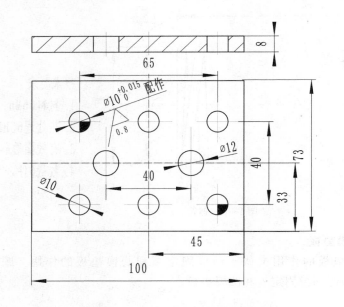

其余 $\sqrt{\dfrac{1.6}{}}$

技术要求
1. 材料T10A；
2. 热处理65 HRC；
3. 锐边倒钝；
4. 数量1件。

图 2-82　凹模垫板

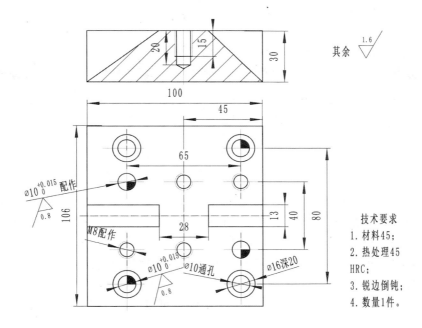

图 2-83 下模垫板

技术要求

1. 材料45；

2. 热处理45 HRC；

3. 锐边倒钝；

4. 数量1件。

的工作零件处于正确的位置。坯料在模具中的定位有两个内容：一是在送料方向上的定位，用来控制送料的进距，通常称为挡料销（图 2-84 中的销 a），二是在与送料方向垂直方向上的定位，通常称为送进导向销（图 2-84 中的销 b,c）。

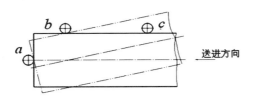

图 2-84 坯料的定位

常见的送进导向方式有挡料销挡料与侧刃定距。

（1）挡料销

挡料销定位面抵住条料的前搭边或工件内轮廓的前（后）面，使条料送进步距准确。挡料销有固定挡料销（图 2-85(a),(b)）和活动挡料销（图 2-85(c),(d)）两种，一般装在凹模上，固定挡料销制造方便，应用较多。当定位销孔与凹模孔口太近时，为保证凹模有足够的强度，宜采用钩形（图 2-85(b)）。活动挡料销销头一面做成斜面，送料靠斜面使挡料销抬起，当越过搭边后，弹簧将挡料销恢复原状，条料回拉，使搭边抵住挡料销而定位。

（2）侧刃定距

根据断面形状常用的侧刃可分成三种（图 2-86）。

长方形侧刃（图 2-86(a)）制造和使用都很简单，但当刃口尖角磨损后，在条料侧边形成的毛刺（图 2-86(d)）会影响定位和送进。为了解决这个问题，在生产中常采用图 2-86(b)所示的侧刃形状。这时由于侧刃尖角磨损而形成的毛刺不会影响条料的送进，但必须增大切

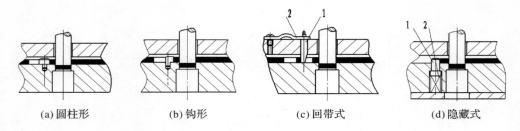

(a) 圆柱形　　　　(b) 钩形　　　　(c) 回带式　　　　(d) 隐藏式

1. 挡料销　2. 弹簧

图 2-85　挡料销

边的宽度,因而造成原材料过多的消耗。尖角形侧刃(图 2-86(c))需与弹簧挡销配合使用,先在条料边缘冲切尖角缺口,条料送进当缺口滑过弹簧挡销后,反向后拉条料至挡销卡住缺口而定距。尖角形侧刀废料少,但操作麻烦,生产效率低。

侧刃定距准确可靠,生产效率高,但增大总冲裁力和增加材料消耗。一般用于连续模冲制窄长形零件(步距小于 6～8mm)或薄料(0.5mm 以下)冲裁。

侧刃的数量可以是一个,或者是两个。两个侧刃可以并列布置,也可按对角布置,对角布置能够保证料尾的充分利用。

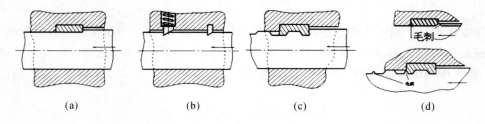

图 2-86　侧刃的形式

(3)导正销

为了保证连续模冲裁件内孔与外缘的相对位置精度,可采用如图 2-87 所示的导正销。导正销安装在落料凸模工作端面上,落料前,导正销先插入已冲好的孔中,确定内孔与外形的相对位置,消除送料和导向造成的误差。

设计有导正销的连续模时,挡料销的位置,应该保证导正销导正条料过程中条料活动的可能。

按图 2-87(a)的方式定位:

$$A = D + a$$

$$e = A - \frac{D}{2} + \frac{d}{2} + 0.1 \tag{2-52}$$

按图 2-78(b)的方式定位:

$$e = A + \frac{D}{2} - \frac{d}{2} - 0.1 \tag{2-53}$$

式中　A——步距;

　　　D——落料凸模直径;

d——挡料销头部直径;

a——搭边值;

e——挡料销的位置。

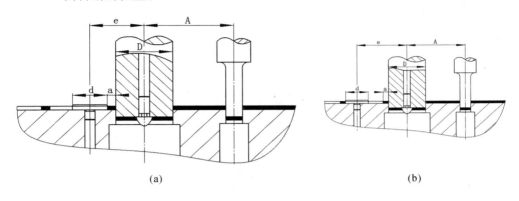

(a)   (b)

图 2-87   导正销位置尺寸

垫板冲模由于采用矩形料,所以就设计了 4 个定位销的形式。分别在两条边上定位,板料送入时,只要轻轻触到定位销就算是定位好了。图 2-88 是垫板冲孔模的定位销设计图。

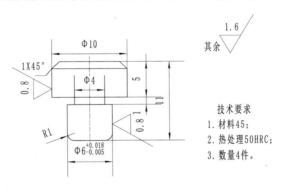

技术要求

1.材料45;

2.热处理50HRC;

3.数量4件。

图 2-88   定位销

以上是冲孔模的全部零件设计图。当然此模具结构比较简单,考虑到模具的安全设计,也可在设计中稍加改进,如图 2-89 所示的模具结构,是相对比较有利于冲压操作人员的安全结构设计,卸料板和凹模固定板挖去一定材料,给操作人员留出手工作业时,操作手拿取板料的空间,接触到卸料板这类工件,相对安全些。还可以考虑提高生产效率的模具结构。冲孔和切断同时进行,本来在剪床上剪下块料的,剪床先剪下条料,再剪成块料,比较废工时,现改为剪床上直接剪下条料即可,条料送入模具中,冲孔和块料同时冲切完成(图 2-90)。

(二)模具零件的制造

1.上模板和下模板的加工

冲压模的上模板和下模板是安装导柱与导套及接连接凸、凹模固定板等零件,并与冲床起安装连接作用的。模板的设计可采用国标或企业标准,也可向某些专业的工厂订购或现购。自行设计的模板,设计时有些尺寸可根据所设计模具其他零件空间位置作一些适用的修改,上模板和下模板设计图中的导柱与导套的尺寸距离是标注配作了的,是为了导柱与

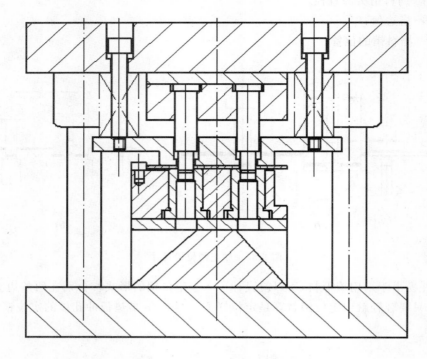

图 2-89　考虑了安全设计的垫板冲孔模

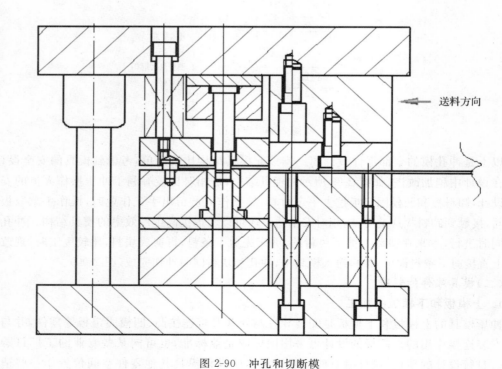

送料方向

图 2-90　冲孔和切断模

导套的尺寸距离一致。为保证加工方便和保证模板或模具达到要求,应先加工平面,模板的上下表面经过铣削或刨削后,平面上先划线,划出导柱与导套孔的位置,再以平面定位加工孔系,将上下模板装夹叠在一起先钻孔,再镗出导柱和导套孔,再磨上下表面以提高平面度和上下面的平行度。磨过的平面进行导柱与导套按模板上加工好的导柱与导套孔装配作试装,要保证滑动自如为止。

2. 板类零件的制造

板类零件先铣削或刨削后画线,画出孔的中心线。如凸模固定板、凹模固定板、凸、凹模固定板是所有孔划线后先两块叠在一起加工两个要冲孔的孔位置,以保证两个要冲孔的距离一致,凸模固定板与凹模垫板再各自与凸模和凹模有装配合要求孔处,按加工的凸模、凹模的孔的配作凸模和凹模。凸模固定板与凸模垫板装配及上模先作各孔,合在一起先钻孔,在做出沉孔,螺纹孔等,凹模固定板与凹模垫板及下模垫板先合在一起打各孔,配作螺钉,销钉孔,再接下模垫板计划线的螺钉孔与销钉孔与下模板装配作螺钉孔销钉孔,将凹模,凹模固定板凹模垫板下模板安装在下模板上。凸模安装凸模固定板中并与上模板固定调整凸凹模间隙,调整后,再装配销钉孔,经试冲等就完成了模具的制造工作。

3. 凸模的加工

圆形的凸模加工比较简单,热处理前毛坯经车削加工,装配面留适当磨削余量;经热处理后再磨削外圆即可达到技术要求。一般毛坯长度比凸模零件长留出的余量为 5mm 左右,毛坯直径为零件最大直径 $d_{零件}$5mm,如果要经过粗车、精车,由粗车留给精车的余量 1～1.5mm,精车后留给出的磨削余量一般为 0.2～0.3mm。

4. 凹模的加工

圆形的凹模加工与凸模加工比较类似。只不过由外圆改为内圆。

导柱的加工与凸模加工类似,导套的加工与凹模的加工也类似。

(三)模具零件图设计与模具零件制造注意事项

1. 卸料螺钉

卸料螺钉同样有与凸模和凸模固定板的装配问题,但一般不予重视,图 2-91(a)这种结构设计不佳,图 2-91(b)就比较好,或图 2-91(c)也可以。

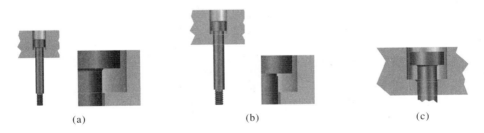

(a)　　　　　　　　　　　(b)　　　　　　　　　　　(c)

图 2-91　卸料螺钉与模板的加工要求

2. 上模板和下模板

上模板和下模板上要安装导柱和导套的孔,都尽量应在孔口倒角,其他如安装销钉或螺钉孔的出口部也应有孔口倒锥角或圆角,这是为了防止擦伤被安装的零件表面。如下图 2-92。另外模板的上下的两个面最好是磨削加工。

3. 凸模和凹模设计及装配形式

凹模的型式有两种（图 2-93），可参考有关设计手册选择。

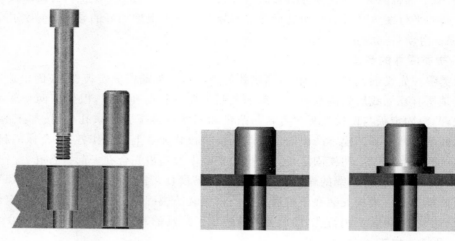

图 2-92　孔口倒锥角或圆角
的上模板和下模板

图 2-93　凹模的两种设计型式

　　对于多孔冲孔并且孔与孔之间有形状位置或尺寸精度要求，如果空间位置足够的话，为了安装调试方便，凸模固定板要设计成尽可能将凸模分开固定，同时凹模也要采用固定在凹模固定板中的方式。或者至少凸模或凹模分开固定。如图 2-94 所示的零件，如果两孔距离有尺寸精度要求。其凸模和凹模可有四种设计方法，如图 2-95 所示，相比较而言，图 2-95（a）凸模和凹模设计方法，比较难保证安装后达到孔距要求，而且凹模是整体凹模，磨损后修磨凹模，要修磨整个平面，修磨成本比较高。使用时间一长，报废也只能是整体凹模都报废，因此只有在两孔间距太小，无法分别安装凸模或凹模时才用。对于两孔距离或有足够尺寸空间，图 2-95（d）的凸模和凹模设计方法，最能保证安装后达到孔距要求。图 2-95（b）和图 2-95（c）设计方法居于两者中间。

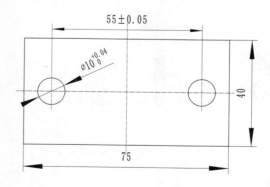

图 2-94　冲压件

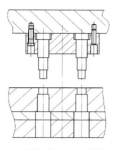 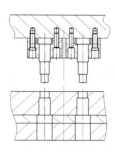 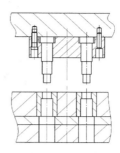 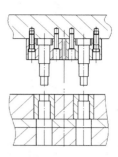

(a) 整体式凸、凹模固   (b) 分开凸模固定板与   (c) 分开凹模固定板与   (d) 分开凸模固定板与
     定板   整体凹模固定板   整体凸模固定板   分开凹模固定板

图 2-95 多孔冲孔凸、凹模安装形式

第三章　弯曲模设计与制造

弯曲模是将板料弯成一定形状和曲率及角度的零件的一种成形模具。图 3-1 是用简单 V 形件弯曲模将矩形板料弯成 V 形件的过程。

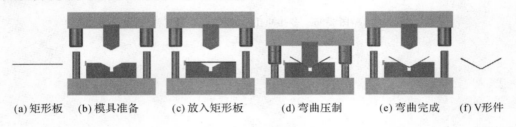

(a)矩形板　(b)模具准备　　(c)放入矩形板　　(d)弯曲压制　　(e)弯曲完成　(f)V形件

图 3-1　V 形件弯曲过程

第一节　弯曲模的设计基础

一、弯曲变形过程及变形特点

将板料弯曲成 U 形和 V 形形状是最基本的弯曲变形,弯曲开始时,模具中的凸、凹模分别在 A、B 处相接触。在板料 A 处,凸模施加弯曲力 F(U 形弯曲,图 3-2 或 $2F$,V 形弯曲,图 3-3),在凹模的圆角半径支撑点 B 处产生反力 F 并与此外力构成弯曲力矩 $M=FL$,在此弯曲力矩作用下,板料产生塑性变形。即弯曲时,当凸模逐渐进入凹模,并随着深度加深,凹模圆角半径支撑点 B 的位置及弯曲件毛坯弯曲半径 r 发生变化,表现在支撑点距离 L 和弯曲半径 r 逐渐减小,而弯曲力 F 逐渐增大,弯曲力矩 M 也增加。当毛坯的弯曲半径达到一定值时,毛坯在弯曲凸模圆角半径处开始塑性变形,最后将板料弯曲成与凸模形状一致的工件。图 3-4(a)所示为 V 形弯曲模中校正弯曲过程受力情况。弯曲开始阶段为自由弯曲,随着凸模下压,板料的弯曲半径支撑点距离逐渐减小。在弯曲行程接近终了时,弯曲半径继续减小,而直边部分反而向凹模方向变形(图 3-4(b)),直至板料与凸、凹模完全贴合。

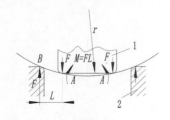

1. 凸模　2. 凹模

图 3-2　U 形弯曲毛坯受力情况

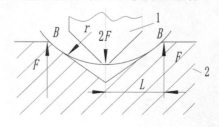

图 3-3　V 形弯曲毛坯受力情况

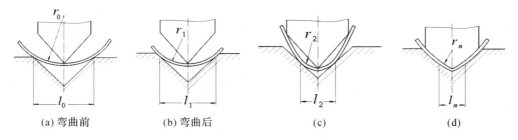

(a) 弯曲前	(b) 弯曲后	(c)	(d)

图 3-4　V 形件弯曲受力情况

为了研究弯曲变形特点,在板料侧壁做出坐标网格,然后弯曲成 V 形件,观察工件侧边的坐标网格及断面形态在弯曲前后的变化情况。从图 3-5 中可以看出:

(1)V 形弯曲件分成了直边部分和圆角部分,圆角部分的网格由原来的正方形网格变成了扇形。而远离圆角的直边部分的网格则没有变化,接近圆角部分的直边,则有少许的变形。因此,可以得出这样的结论:弯曲变形区主要发生在圆角部分区域。

(2)在圆角部分弯曲变形区内,变形是不均匀的。板料的纵向纤维在弯曲变形前是等长的,有 $\overline{aa}=\overline{bb}$,弯曲变形后,发生 $\overline{aa}<\overline{bb}$,说明板料的外层(与凹模接触))切向纤维受拉而伸长,内层(与凸模接触)切向纤维受压缩而缩短。由内、外表面至板料中心,其缩短和伸长的程度逐渐变小。在缩短与伸长两变形区域之间,必有一层金属纤维变形前后长度保持不变,称为应变中性层。

(3)在弯曲变形中,板料变形后会产生厚度变薄现象,板料弯曲半径与板厚之比 r/t 越小,厚度变薄越大。板料厚度由 t 变薄至 t_1,其比值 $\eta=t_1/t$ 称为变薄系数。

(4)弯曲变形区内板料横断面形状变化分为两种情况:宽板(板宽 b 与板厚 t 之比大于3)弯曲时,横断面形状几乎不变,仍为矩形;而窄板($b/t<3$)弯曲时,原矩形断面变成了扇形,如图 3-6 和图 3-7 所示。生产中,一般为宽板弯曲。

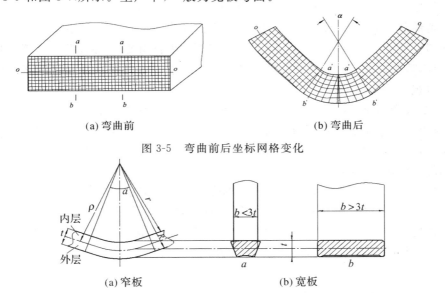

(a) 弯曲前	(b) 弯曲后

图 3-5　弯曲前后坐标网格变化

(a) 窄板	(b) 宽板

图 3-6　板料弯曲前后横断面形状

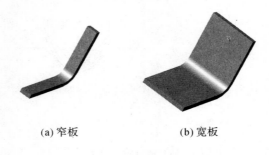

(a) 窄板　　　　　　(b) 宽板

图 3-7　窄板 和宽板

二、宽板与窄板弯曲变形区的应力和应变分析

由于板料的相对宽度 b/t 直接影响板料沿宽度方向的应变，并影响应力。设板料弯曲变形区的主应力和主应变的方向分别为切向（σ_1、ε_1）、宽度方向（σ_2、ε_2）。r/t 愈小，表示弯曲变形程度愈大。随着变形程度的增加，内、外层的切向应力和应变都随之发生明显的变化，同时，宽度方向和厚度方向的应力和应变也发生较大的变化。在自由弯曲状态下，窄板与宽板的应力应变状态如下：

（1）窄板弯曲　板料弯曲主要表现在内层纤维的压缩和外层纤维的伸长，切向应变为最大的主应变，且外层应变为正，内层应变为负。

由塑性变形前后体积不变条件：$\varepsilon_1 + \varepsilon_2 + \varepsilon_3 = 0$ 可知，板宽方向应变 ε_2 和板厚方向应变 ε_3 的符号必定与最大的切向应变 ε_1 的符号相反。

板料宽度方向：从窄板弯曲变形区断面形状从矩形变成扇形可看出，外层材料宽度方向是收缩的，内层材料宽度方向是伸长的，因此，外层应变是压应变为负、内层应变是拉应变为正。

板料厚度方向：外层应变是压应变为负，内层应变是拉应变为正。

窄板弯曲的应力状态：从切向看，外层纤维受拉伸为拉应力。内层纤维受压缩为压应力。在板料宽度方向：材料弯曲时可以不受限制而发生自由变形，从矩形断面弯曲后变成扇形断面，可以认为内、外层的 $\sigma_2 \approx 0$。在厚度方向，由于弯曲时板料纤维之间相互压缩，内、外层应力可视作均为压应力。

可见，窄板弯曲时的内、外层应变是立体的，而应力状态是平面的。

（2）宽板弯曲　宽板弯曲时的切向和厚度方向的应变与窄板相同。在宽度方向，由于板料宽度宽，沿宽度方向变形阻力较大，材料的流动受阻，弯曲后板宽基本不变，所以内、外层宽度方向的应变接近于零（$\varepsilon_2 \approx 0$）。

宽板弯曲的应力状态：切向和厚度方向的应力状态与窄板相同。在宽度方向，由于材料不能自由变形，外层材料在宽度方向为拉应力；同样，内层材料在宽度方向为压应力。

由此可见，宽板弯曲时，内、外层的应变状态是平面的，应力状态是立体的。

窄板和宽板的应力应变状态如图 3-8 所示。

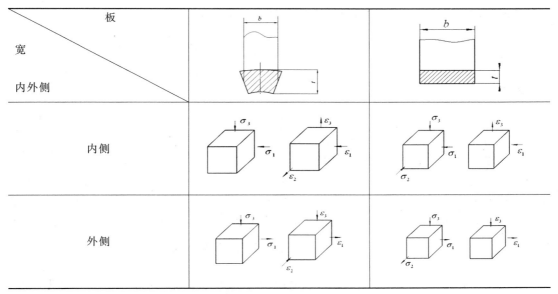

图 3-8　窄板和宽板弯曲变形时的应力应变状态

三、弯曲变形程度及其表示方法

(一)弯曲变形程度及其表示(r/t)

塑性弯曲要先经过弹性弯曲阶段,在弹性弯曲时,受拉的外层与受压的内层以中心层为界,中性层刚好通过剖面的重心,其应力应变为零。板料在外弯曲力矩作用下,先产生较小的弯曲变形。设弯曲变形区应变中性层曲率半径为 ρ,弯曲中心角为 α(图 3-9(a)),则距应变中性层为 y 处的材料的切向应变为

$$\varepsilon_\theta = 1n\frac{(\rho+y)\alpha}{\rho a} = 1n(1+\frac{y}{\rho}) \approx \frac{y}{\rho} \tag{3-1}$$

切向应力 σ_θ 为

$$\sigma_\theta = E\varepsilon_\theta = E\frac{y}{\rho} \tag{3-2}$$

式中　E——材料的弹性模量。

由式(3-1)和(3-2)可见,材料的切向变形程度 ε_θ 和应力 σ_θ 的大小只取决比值 $\frac{y}{\rho}$,而与弯曲中心角度 α 大小无关。切向应力应变分布情况如图 3-9(b)所示。由外层拉应力过渡到内层压应力,必有一层纤维其切向应力为零,此层称为应力中性层。在弯曲变形区的内、外表面的切向应力应变为最大。对于厚度为 t 的板料,当其内弯曲半径为 r 时,板料表面的应力与应变 $\sigma_{\theta max}$ 与 $\varepsilon_{\theta max}$ 为:

$$\varepsilon_{\theta max} = \pm\frac{\frac{t}{2}}{r+\frac{t}{2}} = \pm\frac{1}{1+2\frac{r}{t}} \tag{3-3}$$

$$\sigma_{\theta max} = \pm E\varepsilon_{\theta max} = \pm\frac{E}{1+2\frac{r}{t}} \tag{3-4}$$

若材料的屈服应力为 σ_s,则弹性弯曲的条件为

$$|\sigma_{\theta\max}| = \frac{E}{1+2\dfrac{r}{t}} \leqslant \sigma_s \tag{3-5}$$

或

$$\frac{r}{t} \geqslant \frac{1}{2}\left(\frac{E}{\sigma_s}-1\right) \tag{3-6}$$

r/t 称为板料的相对弯曲半径,r/t 越小,板料表面的切向变形程度 $\varepsilon_{\theta\max}$ 度越大。因此,生产中常用 r/t 来表示板料弯曲变形程度大小。

(二)弹—塑性弯曲与纯塑性弯曲概念

如前所述,在弯曲过程中,凸模作用在板料上的弯曲力 F 与力臂 L 构成外力矩($M_{外}$),板料在外力矩的作用下,板料内部也会产生抵抗变形的抗弯内力矩($M_{内}$)。并随外力矩不断增大而增大。而抗弯内力矩由材料内部的切向应力构成,因此材料内部的切向应力也不断增大。$\dfrac{r}{t} > \dfrac{1}{2}\left(\dfrac{E}{\sigma_s}-1\right)$ 时,仅在板料内部引起弹性变形,称为弹性弯曲。

当 $\dfrac{r}{t}$ 减小到 $\dfrac{1}{2}\left(\dfrac{E}{\sigma_s}-1\right)$ 时,板料变形区的内、外表面材料首先屈服且开始塑性变形状态,若外力矩继续增大,则 r/t 不断减小,而塑性变形从内、外表面向中心逐步扩展,弹性弯曲部分则逐渐缩小,变形由弹性弯曲进入弹—塑性弯曲。如图 3-9(b)、(d)。

当外力矩不断地增大,板料内部的抗弯内力矩也同步地增大,板料相对弯曲半径 r/t 进一步减小,一般当 $\dfrac{r}{t} \leqslant 3\sim5$ 时,弹性变形区已很小,只有中间极薄的一层弹性变形区,可以认为弯曲变形区为纯塑性弯曲。如图 3-9(c)、(e)。

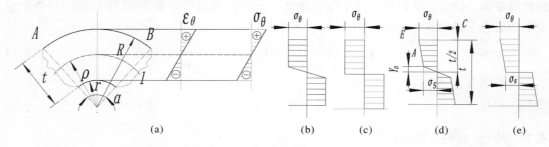

图 3-9　各种弯曲的应力分布

(a)弹性弯曲(b)没有硬化的弹—塑性弯曲(c)没有硬化的纯塑性弯曲(d)、(e)有硬化的弹—塑性弯曲和纯塑性弯曲

四、板料塑性弯曲的变形特点

(一)应变中性层位置的内移

板料在弹性弯曲时,应变中性层位于板料横断面中间,塑性弯曲时,应先找出板料的应变中性层的位置。应变中性层位置常用曲率半径 ρ 表示。在图 3-10 中,设板料原来长度、宽度和厚度分别为 l、b、t,弯曲后成为外半径 R、内半径 r、宽度 b_1、厚度 t_1 和弯曲中心角为 α 的形状。

根据变形前后金属材料体积不变条件,得

$$tlb = \pi(R^2 - r^2)\frac{\alpha}{360°}b_1 \tag{3-7}$$

塑性弯曲后,其应变中性层长度不变,所以

$$l = \alpha\rho \qquad (3-8)$$

式(3-7)和式(3-8)联解后,并以 $R = r + \eta t$ 代入,得塑性弯曲时应变中性层位置

$$\rho = (\frac{r}{t} + \frac{\eta}{2})\eta\beta t \qquad (3-9)$$

式中　η——变薄系数,$\eta = t_1/t < 1$,其值由表 3-1 查得;
　　　β——展宽系数,$\beta = b_1/b$,当 $b/t > 3$ 时,$\beta = 1$。

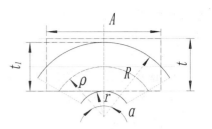

图 3-10　应变中性层的确定

表 3-1　变薄系数 η 值

r/t	0.1	0.25	0.5	1.0	2.0	3.0	4.0	5	>10
η	0.82	0.87	0.92	0.96	0.985	0.992	0.995	0.998	1

一般生产中,板料的 b/t 均大于 3,$\beta = 1$,所以由式(3-9)可得

$$\rho = (\frac{r}{t} + \frac{\eta}{2})\eta t = (r + \frac{1}{2}\eta t)\eta \qquad (3-10)$$

从上式中可知,中性层位置 ρ 与板料厚度 t、内弯曲半径 r 和变薄系数 η 的数值有关。而 η 又受制于 $\frac{r}{t}$(见表 3-1),当板料未弯曲和弯曲变形量很小时,如 $\frac{r}{t} \geqslant 10$ 时,由表 3-1 可知 $\eta = 1$,此时 $\rho = r + \frac{t}{2}$,即中性层位于板厚中心。随着弯曲的进行,$\frac{r}{t}$ 变小和 $\eta < 1$,$\rho < r + \frac{t}{2}$,板料的应变中性层向弯曲内侧移动。r/t 越小,应变中性层内移量越大。

(二)变形区内板料的厚度变薄和长度增大

板料弯曲时,外层纤维受拉使板料厚度减薄,内层纤维受压使板料加厚。由于应变中性层的内移,外层拉伸区逐步扩大,内层压缩区不断减小,板料的减薄将大于板料的加厚,弯曲所用板料一般是宽料,宽度方向没有变形,且内、外层的应变状态是平面的,变形区厚度的减薄会使板料的长度增加。$\frac{r}{t}$ 越小,板料厚度的减薄量越大、板料长度的增加量也越大。

(三)弯曲后的翘曲、截面的畸变、拉裂及回弹

细而长的板料弯曲件,弯曲后产生纵向翘曲。这是因为沿折弯线方向工件的刚度小,实现了外层宽度方向的压应变和内层的拉应变。结果使折弯线翘曲。如果是短而粗的板料弯曲件,沿工件刚度大,宽向应变被抑制,翘曲不明显。截面的畸变,已如窄板弯曲所述。板料的拉裂是由于板料弯曲的最大切向拉应力发生在最外层,当外层的等效应力 σ 大于板料的抗拉强度 σ_b 时,板料就会沿垂直于板料切线方向被拉裂。板料的回弹主要是指板料弯曲后的角度、尺寸及形状与原设计所要求不相符的现象。回弹是弯曲变形中最常见的现象,与板料的力学性能、$\frac{r}{t}$ 及模具设计制造等都有极大的关系。是弯曲成形中首先要解决的问题。

五、最小弯曲半径

由弯曲变形区的应力应变分析可知,对于一定厚度的材料,弯曲半径越小,外层材料的延伸率要求越大,当外边缘材料的延伸率超过材料允许的延伸率后,板料就会产生裂纹或折

断。在保证弯曲件毛坯外表面纤维不发生破坏的条件下,工件能弯曲的内表面最小圆角半径,称为最小弯曲半径 r_{min}。生产中用它来表示材料弯曲时的成形极限。

(一)最小弯曲半径值确定

1. 最小弯曲半径的近似理论计算

由公式(3-3)可知:

在最大应变 $\varepsilon_{\theta max} = \dfrac{1}{2\dfrac{r}{t}+1}$ 中,不拉裂时的弯曲半径 r 就是最小弯曲半径 r_{min},即:

$$r_{min} = \frac{t}{2}\left(\frac{1}{\varepsilon_{\theta max}} - 1\right) \tag{3-11}$$

由材料力学可知:

$$\psi = \frac{\varepsilon_\theta}{1+\varepsilon_\theta}$$

将 $\varepsilon_\theta = \dfrac{t}{2\rho}$,$\rho = r + \dfrac{t}{2}$ 代入上式,整理后得:

$$r = t\left(\frac{1}{2\psi} - 1\right) \tag{3-12}$$

由(3-12)可知,当断面收缩率 ψ 达到最大值时 ψ_{max} 时,弯曲半径 r 就成为最小弯曲半径 r_{min} 为:

$$r_{min} = t\left(\frac{1}{2\psi_{max}} - 1\right) \tag{3-13}$$

2. 最小弯曲半径的经验值确定

由于影响最小弯曲半径大小的因素很多,因此按式(3-11)或(3-13)计算结果与实际的 r_{min} 有一定的误差,在实际生产中主要是参考经验数据来确定各种材料的最小弯曲半径。表 3-2 为各种金属材料在不同状态下的最小弯曲半径的数值。

表 3-2 最小弯曲半径 r_{min}

材　料	正火或退火的		硬 化 的	
	弯曲线方向			
	与轧制方向垂直	与轧制方向平行	与轧制方向垂直	与轧制方向平行
铝			$0.3t$	$0.8t$
退火纯铜			$1.0t$	$2.0t$
黄铜 H62	0	$0.3t$	$0.4t$	$0.8t$
05、08F			$0.2t$	$0.5t$
08～10	0	$0.4t$	$0.4t$	$0.8t$
15～20	$0.1t$	$0.5t$	$0.5t$	$1.0t$
25～30	$0.2t$	$0.6t$	$0.6t$	$1.2t$
35～40	$0.3t$	$0.8t$	$0.8t$	$1.5t$
45～50	$0.5t$	$1.0t$	$1.0t$	$1.7t$
55～60	$0.7t$	$1.3t$	$1.3t$	$2.0t$
硬铝(软)	$1.0t$	$1.5t$	$1.5t$	$2.5t$
硬铝(硬)	$2.0t$	$3.0t$	$3.0t$	$4.0t$

注:本表用于板厚小于 10mm,弯曲角大于 90°,剪切断面良好的情况。

（二）影响最小弯曲半径的因素

1. 材料的力学性能

影响材料最小弯曲半径的力学性能主要是塑性，材料塑性指标（ε、δ、ψ 等）越高，其弯曲时塑性变形的稳定性越强，许可的最小弯曲半径就越小。

2. 板料表面及冲裁断面的质量

由剪切或冲裁获得的弯曲件毛坯，断面存在冷变形硬化层，弯曲时，冲裁件断面上的断裂带及毛刺在拉应力或压力作用下会产生应力集中，导致塑性降低，并使弯曲件发生拉裂。因此，在弯曲前，应将毛坯上的毛刺去除。如弯曲件毛坯带有较小的毛刺，弯曲时应使带毛刺朝内（即朝弯曲凸模方向），以避免应力集中而产生破裂。

3. 零件弯曲角的大小

理论上弯曲变形区外表面的变形程度只与 $\frac{r}{t}$ 有关，而与弯曲角 α 无关。但是在实际弯曲过程中，由于板料纤维是连在一起的，纤维之间是有相互牵制作用的，接近圆角的直边部分也产生了一定的伸长变形（即扩大了弯曲变形区的范围）。从而使圆角部分外表面纤维的拉伸应变得到一定程度的下降，同时也减弱了板料外表面发生开裂的趋势。

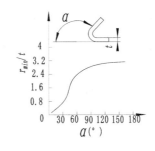

图 3-11　弯曲角 α 对 $\frac{r}{t}$ 的影响

所以最小弯曲半径可以小些，弯曲中心角越小，变形分散效应越显著，最小弯曲半径的数值也越小。一般当 $\alpha. > 70^0$ 时，其影响才不明显。弯曲角 α 对 $\frac{r}{t}$ 的影响见图 3-11 所示

4. 板料的轧制方向与弯曲线夹角的关系

轧制钢板具有纤维组织，弯曲变形时，顺着纤维方向的塑性指标高于垂直于纤维方向的塑性指标。弯曲件的弯曲线与板料轧制方向垂直时，最小弯曲半径数值最小；弯曲件的弯曲线与板料制方向平行时，则最小弯曲半径最大。对于 $\frac{r}{t}$ 较大时，可不考虑纤维方向。如果零件有两个以上弯曲线相互垂直，可安排弯曲线与轧制方向成 45^0 夹角。图 3-12 所示。

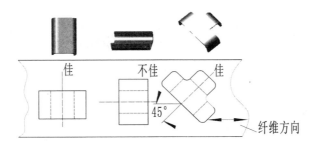

图 3-12　弯曲线与轧制方向成不同夹角

5. 板料的相对宽度

相对宽度 $\frac{b}{t}$ 大时，可采用较大的弯曲半径，此时材料内部的应变强度大。图 3-13 为弯

曲件相对宽度 b/t 对最小弯曲半径的影响,当弯曲件的相对宽度较小时,其影响比较明显,但当 b/t>10 时,其影响不大。

6. 板料厚度

板料厚度对弯曲半径的影响表现在:弯曲变形区内切向应变在厚度方向呈线性规律变化,在外表面最大,在应变中性层为零。当板料厚度较小时,切向应变变化的梯度大,能很快地由外表面的最大值衰减为零,这样与切向变形最大的外表面相邻近的金属材料,可以起到阻碍外表面材料产生局部不稳定塑性变形的作用,因此可以获得较大的变形和采用较小的最小弯曲半径,图 3-14 所示。

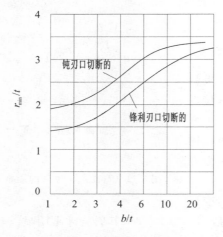

图 3-13　冲裁断面的质量和弯曲件相对
宽度 b/t 对最小弯曲半径的影响

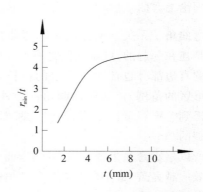

图 3-14　板料厚度对弯曲半径的影响

(三)提高弯曲极限变形程度方法

大多数情况下,不宜采用最小弯曲半径 r_{min},是由于弯曲件变形区的变形程度受到该材料最小弯曲半径 r_{min} 的限制。如果由于设计上需要,弯曲件的内弯曲半径一定要小于 r_{min}（表 3-3 所列数值）,常可采用以下措施:

(1)采取弯曲件分两次弯曲的工艺方法,第一次采用较大的弯曲半径(大于 r_{min}),或者再退火,第二次按工件要求的弯曲半径进行弯曲。这样可使弯曲变形区扩大,减小了外层材料的伸长率。

(2)对于低塑性的材料或厚料,采用先退火以增加材料塑性再进行弯曲,以获得所需的弯曲半径,或者在工件许可情况下采用热弯。

(3)先在弯曲件圆角内侧开槽,如图 3-15 所示,再进行弯曲。但这种方法会影响板料零件的强度和刚度,要视零件的使用场合决定是否采用。

六、弯曲卸载后的回弹

(一)弯曲回弹的表现形式

与所有的塑性变形一样,塑性弯曲变形均伴有弹性变形。当外载荷去除非后,塑性变形保留下来,中性层附近的弹性变形以及内、外层总变形中弹性变形部分的会完全消失,使弯

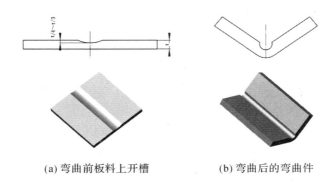

(a) 弯曲前板料上开槽   (b) 弯曲后的弯曲件

图 3-15　弯曲前板料上开槽后和弯曲后的弯曲件

曲件的形状和尺寸或者中心角和弯曲半径变得与模具尺寸不一致的现象称为回弹。由于弯曲时内外区切向应力方向不同,弹性回复方向也相反,表现在外区弹性缩短而内区弹性伸长,这种反向的弹复就大大加剧了工件形状和尺寸的改变。回弹过程是个非常重要的问题,直接影响到工件的尺寸和精度。

弯曲回弹的表现形式有如下两种(图 3-16 所示)形式:

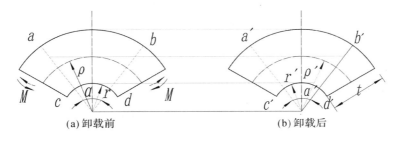

(a)卸载前   (b)卸载后

图 3-16　弯曲回弹的表现形式

(1)曲率半径的减小

卸载前板料中性层的曲率半径为 ρ,卸载后增加至 ρ'。曲率则由卸载前的 $\dfrac{1}{\rho}$,减小至卸载后的 $\dfrac{1}{\rho'}$。可以 Δk 表示曲率的减小量,则

$$\Delta k = \frac{1}{\rho} - \frac{1}{\rho'} \qquad (3-14)$$

(2)弯曲张角的减小

弯曲张角的改变,卸载前板料变形区的张角为 α,卸载后减小 α'。角度的减小 $\Delta\alpha$ 为

$$\Delta\alpha = \alpha - \alpha' \qquad (3-15)$$

(二)回弹值的确定

1. 理论计算

金属在塑性变形过程中的卸载回弹量等于加载时同一载荷所产生的弹性变形,所以对于塑性弯曲的回弹量即为加载弯矩所产生的弹性曲率的变化。设塑性弯曲加载弯矩为 M,板料剖面的惯性矩为 J,由“材料力学”中弹性弯矩公式,弯矩卸去后的板料的回弹量 Δk 为

$$\Delta k = \frac{M}{EJ} \tag{3-16}$$

假定塑性弯曲的应力状态是线性的,即只有应力 σ_θ 的作用,忽略其他两个方向的主应力分量,如果板料的宽度为 b,厚度为 t,中性层位于剖面重心,半径为 ρ,则切向应力外 σ_θ 所形成的弯矩可按梁的弯矩求得:

$$M = 2b \int_0^{\frac{t}{2}} \sigma_\theta y \, dy \tag{3-17}$$

其中,距中性层 y 处的切向应力 σ_θ 可按实际应力曲线由相应的切向应变 ε_θ 确定。

$$\varepsilon_\theta = \frac{y}{\rho} \tag{3-18}$$

塑性变形时,许多金属的真实应力应变关系可用指数方程表示,即:

$$\sigma_\theta = \pm C(\varepsilon_\theta)^n \tag{3-19}$$

式中外层拉伸区的 $\sigma_\theta > 0$,$\varepsilon_\theta > 0$;内层压缩 $\sigma_\theta < 0$,$\varepsilon_\theta < 0$,C 为与材料性质有关的常数,n 为硬化指数,将式(3-18)代入(3-19)得内外层切向应力:

$$\sigma_\theta = \pm C\left(\frac{y}{\rho}\right)^n \tag{3-20}$$

将式(3-19)代入(3-17),可得弯矩

$$M = 2b \int_0^{\frac{t}{2}} \sigma_\theta y \, dy = 2b \int_0^{\frac{t}{2}} C\left(\frac{y}{\rho}\right)^n y \, dy = \frac{Cbt^2}{2(n+2)}\left(\frac{t}{2\rho}\right)^n \tag{3-21}$$

由于板料的 $J = \dfrac{bt^3}{12}$,将板料 J 和式(3-21)代入(3-16)

$$\Delta k = \frac{1}{\rho} - \frac{1}{\rho'} = \frac{M}{EJ} = \frac{\dfrac{Cbt^2}{2(n+2)}\left(\dfrac{t}{2\rho}\right)^n}{E\dfrac{bt^3}{12}} = \frac{6C}{E(n+2)t}\left(\frac{t}{2\rho}\right)^n \tag{3-22}$$

回弹后的曲率半径

$$\rho' = \frac{\rho}{\left[1 - \dfrac{6C\rho}{E(n+2)t}\left(\dfrac{t}{2\rho}\right)^n\right]} \tag{3-23}$$

因为卸载前后中性不变:$\overset{\frown}{\rho\alpha} = \overset{\frown}{\rho'\alpha'}$,所以回弹后角度

$$\alpha' = \frac{\rho\alpha}{\rho'} = \left[1 - \frac{6C\rho}{E(n+2)t}\left(\frac{t}{2\rho}\right)^n\right]\alpha \tag{3-24}$$

而角度回弹量

$$\Delta\alpha = \alpha - \alpha' = \left[\frac{6C\rho}{E(n+2)t}\left(\frac{t}{2\rho}\right)^n\right]\alpha \tag{3-25}$$

2. 经验值选用

上述理论计算方法较繁复,在实际弯曲时影响回弹值的因素又较多,而且各因素相互影响,因此计算结果往往不准确,在生产实践中采用经验数值。各种弯曲方法与弯曲角度的回弹经验值可查有关手册或资料。

(三)影响回弹的因素

1. 材料的力学性能

材料的屈极点 σ_s 越高,弹性模量 E 越小,弯曲变形的回弹也越大。若材料的力学性能不稳定,其回弹值也不稳定。材料的屈服点 σ_s 越高,则材料在一定的变形程度时,变形区断

面内的应力也越大,因而引起更大的弹性变形,故回弹值也越大。弹性模量 E 越大,则抵抗弹性变形的能力越强,故回弹值越小。

2. 相对弯曲半径 r/t

相对弯曲半径 r/t 或 $\dfrac{\rho}{t}$ 越小,弯曲变形区的总切向变形程度增大,塑性变形部分在总变形中所占的比例增大,而弹性变形部分所占的比例则相应减小,因而回弹值减小。反之,当相对弯曲半径越大,回弹值越大,这就是曲率半径很大的零件不易弯曲成形的道理。

3. 弯曲张角 α

弯曲张角 α 越大,表示弯曲变形区的长度越长,回弹积累值也越小,故回弹角 $\Delta\alpha$ 越大,但对弯曲半径的回弹影响不大。

4. 弯曲条件

(1)弯曲方式对回弹量的影响

板料弯曲时的加载方式与简支梁在集中载荷下的横向弯曲相似。凸模压力在板料上产生的弯曲力矩,分布于整个凹模洞口支点内的板料上,如图 3-17(a)所示。板料的弯曲变形实际上并不是局限于与凸模圆角相接触的折弯线附近,在凹模洞口支点内的板料,都要产生不同程度的弯曲变形。如果板料在无底凹模中自由弯曲(图 3-17(b)),即便最大限度地减小凹模洞口宽度,使加载弯矩的分布区间尽可能集中,也很难使板料的弯曲曲率与凸模形状取得一致,但是在有底凹模中自由弯曲(图 3-17(c))中,凹模底部对板料的限制作用,弯曲结束时,不平整的直边与凸模完全贴合。直边压平后的反向回弹,可减小和抵消圆角弯曲变形时的角度回弹。

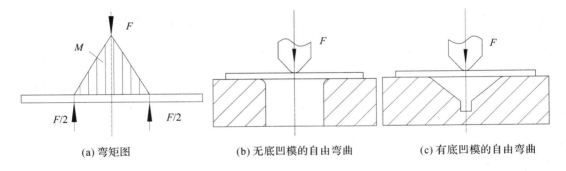

(a) 弯矩图　　　　　　(b) 无底凹模的自由弯曲　　　　　(c) 有底凹模的自由弯曲

图 3-17　模具的弯曲形式及弯矩图

(2)模具几何参数对于回弹量的影响

模具的几何参数,如在弯曲 U 形件时,模具凸、凹模间隙对弯曲件的回弹有直接的影响。间隙小,回弹减小。相反,当间隙较大时,材料处于松动状态,工件的回弹就大。凹模的圆角半径、凹模的宽度与深度等。如弯曲同样直边较长的 V 形件,模具可采取如图 3-18(a)、(b)两种方式,从减小回弹量来看,图 3-18(a)由于直边部分可完全通过凸模压平,而图 3-18(b)中的只有一部分直边通过凸模压平,另一部分只是依靠板料的纤维牵连作用。显然图 3-18(a)中的形式要比图 3-18(b)效果要好,但模具尺寸过大,成本也高。一般不采用。

(3)弯曲件的几何形状对于回弹量的影响

一般来说,弯曲件愈复杂,一次弯曲成形的回弹量愈小,这是由于在弯曲时各部分材料

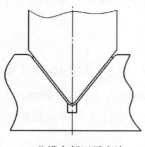
(a) 凸模全部压平直边

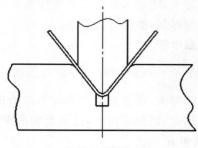
(b) 凸模压平部分直边

图 3-18　直边较长的 V 形件弯曲模

互相牵制及弯曲件表面与模具表面之间摩擦力的影响,因而改变了弯曲件弯曲时各部分材料的应力状态,这样使回弹困难,回弹角减小。如 U 形件的回弹小于 V 形件。

（四）减少回弹的措施

由于弯曲件在弯曲过程中弹性变形是不可避免的,要完全消除弯曲件的回弹是不切实际的,但为了提高弯曲件的精度,采取一些必要的措施来尽量减小或补偿由于回弹所产生的误差是可能的,如下列措施。

1. 补偿法

根据弯曲件的回弹趋势和回弹量的大小,控制模具工作部分的几何形状和尺寸,使弯曲以后,工件的回弹恰好得到补偿。如弯制 V 形件时,可根据工件可能产生的回弹量,将凸模的圆角半径与角度预先做小一些,以补偿回弹作用,对于 U 形弯曲,也可将工件底部压出反向凸起弧面,当工件从凹模中取出,其底部弧面部分回弹伸直使两侧直边产生负回弹,从而抵消了圆角部分的正回弹（图 3-19）。

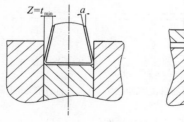
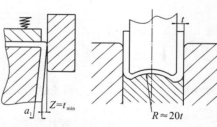

图 3-19　模具补偿克服回弹

补偿法的另外一种形式就是改变凸模形状来减小回弹。对于厚度在 0.8mm 以上软材料,弯曲半径不大的 V 形时,可把凸模做成局部凸起（图 3-20(a)）,模具结构如图 3-20(b)所示,这种模具在弯曲变形终了时,凸模力将集中作用在弯曲变形区,迫使内层金属受压,产生切向伸长应变。从而,卸载后回弹量将会减少。对于 U 形件弯曲,也可把凸模做作成局部凸起（图 3-20(c)）,模具结构如图 3-20(d)所示,这种模具工作时同时改变背压（顶板压力）的方法改变回弹角,并适当调整背压值,就可以使得底部产生的负回弹与角部回弹相抵消。

采用橡胶、聚氨酯软凹模代替金属凹模（图 3-21）,用调节凸模压入软凹模深度方法来控制回弹也是一种比较好的方法。

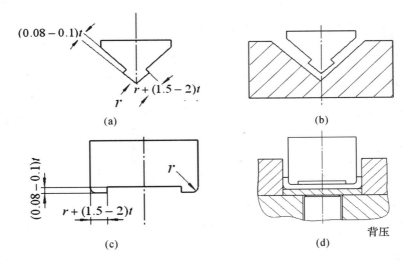

图 3-20　改变凸模形状减小回弹

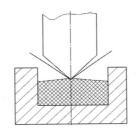

图 3-21　橡胶或聚氨酯软凹模

2. 采用拉弯工艺

板料弯曲的同时施以拉力,可以使得剖面上的压区转为拉区,应力应变分布趋于一致,从而可以显著减少回弹量。

纯弯曲时,板料在外载荷的作用下剖面的外区拉长,内区缩短。卸载以后,外区要缩短,内区要伸长。内外两区的回弹趋势都要使板料复直。所以回弹量大,如图 3-22(a)所示。

弯曲时加以拉力后,内外两区都被拉长,卸载以后都要缩短。内外两区的回弹趋势有相互抵消的作用,所以回弹量减小,如图 3-22(b)。

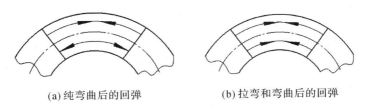

(a)纯弯曲后的回弹　　　　　　(b)拉弯和弯曲后的回弹

图 3-22　拉弯工艺

在压弯 U 形件时,利用压边装置,模具如图 3-23 所示。牵制毛料的自由流动,可以取得不错的效果。

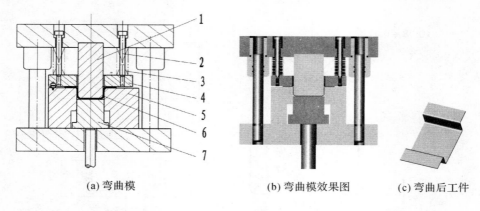

(a) 弯曲模　　　　　　　(b) 弯曲模效果图　　　　(c) 弯曲后工件

1. 凸模　2. 压料钉　3. 弹簧　4. 压料板　5. 凹模　6. 工件　7. 推板

图 3-23　带压边装置的弯曲模

七、弯曲件毛坯尺寸计算

由于弯曲件应变中性层在弯曲前后长度不变的特点,所以可先确定应变中性层位置,再计算应变中性层长度,最后可得到毛坯的长度。

(一)弯曲应变中性层位置的确定

板料塑性弯曲时的应变中性层位置会内移,可由式(3-10)求出应变中性层曲率半径。

冲压生产中,可采用下面的经验公式来确定应变中性层的曲率半径

$$\rho = r + xt \qquad\qquad (3-26)$$

式中　x——应变中性层位移系数,其值可参照表 3-3 选取。

表 3-3　应变中性层位移系数

$\dfrac{r}{t}$	0.1	0.2	0.3	0.4	0.5	0.6	0.7	0.8	1	1.2
x	0.21	0.22	0.23	0.24	0.25	0.26	0.28	0.3	0.32	0.33
$\dfrac{r}{t}$	1.3	1.5	2	2.5	3	4	5	6	7	≥8
x	0.34	0.36	0.38	0.39	0.4	0.42	0.44	0.46	0.48	0.5

(二)弯曲件毛坯尺寸的计算

弯曲件毛坯长度的计算方法,与弯曲半径和厚度有关,有如下两种情况:

(1) $\dfrac{r}{t} > 0.5$ 的弯曲件

当弯曲件中的 $\dfrac{r}{t} > 0.5$ 时,变形区材料变薄不严重,且断面畸变较小,可按应变中性层长度等于毛坯长度的原则来计算。图 3-24 为弯一个大于 90^0 角弯曲件,其毛坯长度计算公式为:

$$L=l_1+l_2+l_0=l_1+l_2+\frac{\pi\alpha}{180}\rho=l_1+l_2+\frac{\pi\alpha}{180}(r+xt) \qquad (3-27)$$

式中　L——毛坯展开长度（mm）；

　　　l_1、l_2、——工件直边长度（mm）；

　　　l_0——工件中大于 90°角中性层弧长（mm）；

　　　x——应变中性层位移系数（查表 3-3）；

　　　r——弯曲件内弯曲半径（mm）；

　　　t——板厚（mm）；

　　　α——弯曲中心角（°）。

（2）$\dfrac{r}{t}<0.5$ 的弯曲件

当弯曲件中的 $\dfrac{r}{t}<0.5$ 时，变形区材料变薄严重，且断面畸变较大，就要采用弯曲前后体积不变来计算毛坯长度。如图 3-25 为一个无圆角的直角弯曲件，设宽度 b，则

弯曲前毛坯体积：　　　　　　　　$V_0=Lbt$

弯曲件后体积：$V=(l_1+l_2)bt+\dfrac{\pi t^2}{4}b$

由　　　　　　　　　　　　　　　$V_0=V$

可得　　　　　　　　　　　$L=l_1+l_2+0.785t$

由于弯曲变形时，不仅在毛坯的圆角变形区产生变薄，而且与其相邻的直边部分也产生一定程度的变薄，所以上式求得的结果往往偏大，还必须作如下修正。

$$L=l_1+l_2+x't \qquad (3-28)$$

式中　x'——修正系数，一般取 $x'=0.4\sim0.6$。

用上述各公式计算时，实际是一个参考值。在实际弯曲过程中，还要受到多种因素的影响，如材料力学性能、模具状况、弯曲方式等，因此可能会产生较大误差，所以只能用于形状比较简单，尺寸精度要求不高的弯曲件。对于形状比较复杂，或尺寸精度要求高的弯曲件，在初步确定毛坯长度后，还需要反复试弯，不断修正，才能最后确定合适的毛坯长度。具体方法是先制造弯曲模，经过试弯修正合格后，确定毛坯尺寸后再制造落料模或通过裁剪设备裁剪。

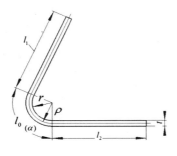

图 3-24　$\dfrac{r}{t}>0.5$ 时的弯曲件

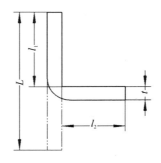

图 3-25　无圆角的直角弯曲件

八、弯曲力计算

弯曲力大小是设计弯曲模和选择压力机吨位的重要依据,但受到材料力学性能、弯曲件形状、板厚、毛坯尺寸大小、弯曲半径、模具间隙、弯曲结构等多种因素的影响。而理论上精确计算弯曲力是比较困难的,在冲压生产中常用经验公式或通过简化的理论公式来进行计算。

(一)自由弯曲时弯曲力计算

自由弯曲力计算公式如下:

V 形件弯曲(图 3-26(a))

$$F = \frac{0.6kbt^2\sigma_b}{r+t} \tag{3-29}$$

U 形件弯曲(图 3-26(b))

$$F = \frac{0.7kbt^2\sigma_b}{r+t} \tag{3-30}$$

式中　F——自由弯曲力(N);

　　　b——弯曲件宽度(mm);

　　　r——弯曲件内弯曲半径(mm);

　　　σ_b——材料抗拉强度(MPa);

　　　t——材料厚度(mm);

　　　k—系数,一般取 $k=1\sim1.3$。

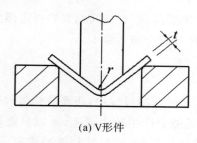

(a) V形件

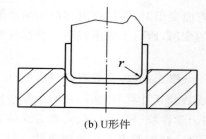

(b) U形件

图 3-26　自由弯曲模

(二)校正弯曲时弯曲力计算

校正弯曲如图 3-27 所示。校正弯曲力按下式计算:

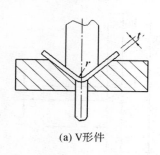

(a) V形件

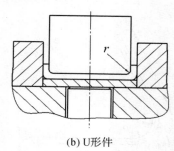

(b) U形件

图 3-27　校正弯曲示图

$$F_{校} = qA \tag{3-31}$$

式中　$F_{校}$——校正弯曲力（N）；

　　　　A——校正部分投影面积（mm^2）；

　　　　q——单位面积上的校正力（MPa），q 值可按表 3-4 选取。

表 3-4　单位校正力 q 值

材　料	板料厚度 t/mm			
	<1	1～3	3～6	6～10
铝	15～20	20～30	30～40	40～50
黄铜	20～30	30～40	40～60	60～80
10～20 钢	30～40	40～60	60～80	80～100
25～30 钢	40～50	50～70	70～100	100～120

（三）顶件力和压料力计算

对于设有顶件装置或压料装置的弯曲模，顶件力或压料力 Q 可近似取自由弯曲力 F 的 $60\% \sim 80\%$。即：$Q = (0.6-0.8)F$

（四）压力机公称压力的确定

对于自由弯曲

$$F_{压力机} \geqslant F + Q \tag{3-32}$$

对于校正弯曲，由于校正力是发生在接近压力机下死点的位置，校正力与弯曲力并不重叠，而且校正的数值比压料力 Q 也大的多，故 Q 数值可忽略不计，因此，选择压力机时，以校正弯曲为依据即可。

$$F_{压力机} \geqslant F_{校} \tag{3-33}$$

式中　$F_{校}$——校正弯曲力（kN）。

九、弯曲件的工艺性

弯曲件的工艺性是指弯曲件结构形状、尺寸精度要求、材料选用及技术要求是否适合于弯曲加工的工艺要求。

（一）弯曲件的尺寸公差

一般弯曲件的尺寸公差最好在 IT13 级以下，角度公差最好大于 15°，否则，应增加整形工序。

（二）弯曲件的孔边距

弯曲预先冲好孔的毛坯时，如果孔位于弯曲变形区内，则孔形将直接受弯曲变形的影响而畸变。为了避免产生该缺陷，必须使孔处于弯曲变形区以外，如图 3-28 所示，从孔边到弯曲半径，中心的距离根据料厚不同取，如 $t<2mm$，$L \geqslant t$，$t \geqslant 2mm$，$L \geqslant 2t$。

（三）弯曲件直边高度

为了保证弯曲件的直边部分平直，其直边高度 h 应不小于 $2t$，最好大于 $3t$。若 $h<2t$，则必须在弯曲圆角处预先压槽后再弯曲，或加长直边部分，待弯曲后再切掉多余部分，如图 3-29 所示。当弯曲件直边带有斜角时，如斜线到达变形区，则应改变零件形状，使其带有一直边，如图 3-30 所示。

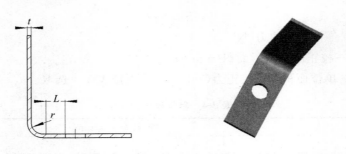

图 3-28　孔边到弯曲半径距离

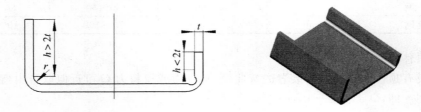

图 3-29　弯曲件直边高度的要求

图 3-30　弯曲件直边带有斜角

(四)弯曲件上增添工艺孔和工艺槽

为了防止在尺寸突变的尖角处出现撕裂,应改变弯曲件形状,使突变处离开弯曲线(图 3-31(a)),或在尺寸突变处预冲出工艺槽(图 3-31(b)),图 3-31 中有关尺寸如下:

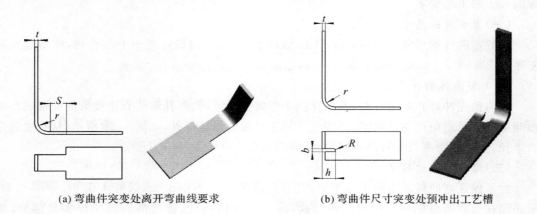

(a) 弯曲件突变处离开弯曲线要求　　　　　　(b) 弯曲件尺寸突变处预冲出工艺槽

图 3-31　弯曲件上增添工艺孔和工艺槽

尺寸突变处到弯曲半径中心距离 $S \geq r$；

工艺槽宽 $b \geq t$；

工艺槽深 $h = t + r + \dfrac{t}{2}$

工艺直径 $d \geq t$

（五）定位工艺孔

弯曲件形状复杂或需多道弯曲及不对称弯曲，为了使毛坯在弯曲模内定位准确，可在弯曲件上设计出定位工艺孔，如图 3-32 所示。

图 3-32　弯曲件上的定位工艺孔

十、弯曲模设计的参数

1. 弯曲凸模的圆角半径

当弯曲件的相对弯曲半径 $\dfrac{r}{t}$ 较小时，凸模圆角半径等于弯曲件的弯曲半径，但弯曲件的弯曲半径不小于 r_{min}。如 $\dfrac{r}{t}$ 小于最小相对弯曲半径，则可先将弯曲时凸模圆角半径大于最小弯曲半径，即 $r_凸 > r_{min}$，然后经整形工序达到所需的弯曲半径。当弯曲件的相对弯曲半径 $\dfrac{r}{t}$ 较大、精度要求较高时，还应考虑工件的回弹，凸模的圆角半径应作相应的修正。

2. 弯曲凹模的圆角半径和凹模深度

如图 3-33 所示，是凸、凹模结构尺寸。凹模圆角半径不能过小，凹模圆角半径过小，否则坯料弯曲时进入凹模的阻力增大，工件表面产生擦伤甚至压痕。凹模圆角半径过大，影响坯料定位的准确性。凹模两边的圆角半径应一致，以免弯曲时工件产生偏移。在生产中，凹模圆角半径一般取决于弯曲件材料的厚度：

当 $t \leq 2mm$ 时，$r_凹 = (3-6)t$；

当 $t = 2 \sim 4mm$ 时，$r_凹 = (2-3)t$；

当 $t > 4mm$ 时，$r_凹 = 2t$。

对于弯曲 V 形件的凹模，其底部可开退刀槽或取圆角半径，圆角半径 $r_底$ 为：$r_底 = (0.6 \sim 0.8)(r_凸 + t)$

对于凹模深度 L_0 要适当，若深度过小，则两端的自由部分较长，工件弯曲成形后回弹量大，而且直边不平直。若深度过大，则模具材料消耗大，模具成本提高，而且压力机需要较大的行程。

弯曲 V 形件时,凹模深度及底部最小厚度可查表 3-5。

表 3-5　弯曲 V 形件的凹模深度 L_0 及底部最小厚度值 h(mm)

弯曲件边长 L	材料厚度 t					
	<2		2～4		>4	
	h	L_0	h	L_0	h	L_0
>10～25	20	10～15	22	15		
>25～50	22	15～20	27	25	32	30
>50～75	27	20～25	32	30	37	35
>75～100	32	25～30	37	35	42	40
>100～150	37	30～35	42	40	47	50

弯曲 U 形件时,若弯曲高度不大于或要求两边平直,则凹模深度应大于零件高度,如图 3-33(b)所示,图中 m 值可查表 3-6。如果弯曲件边长较长,而对平直度要求不高时,可采用图 3-33(c)所示的凹模结构型式。凹模工作部分深度 L_0 值见表 3-7。

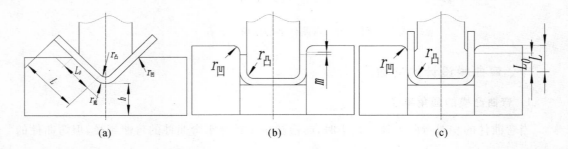

图 3-33　弯曲件结构尺寸

表 3-6　弯曲 U 形件凹模的 m 值(mm)

材料厚度 t	≤1	>1～2	>2～3	>3～4	>4～5	5～6	6～7	7～8	8～10
	3	4	5	6	8	10	15	20	25	

表 3-7　弯曲 U 形件的凹模深度 L_0(mm)

弯曲件边长 L_0	材料厚度				
	≤1	>1～2	>2～4	>4～6	>6～10
<50	15	20	25	30	35
50～75	20	25	30	35	40
75～100	25	30	35	40	40
100～150	30	35	40	50	50
150～200	40	45	55	65	65

3. 弯曲凸模与凹模之间的间隙

V 形件弯曲模中的凸、凹模之间的间隙靠调节压力机的闭合高度来控制,不需要在设计和制造模具时考虑。

对 U 形件,由于凸、凹模之间的间隙值对弯曲件的质量和弯曲力有很大的影响。间隙值过小,弯曲力增大,同时零件直边的板厚减薄和出现划痕,降低凹模使用寿命。间隙值过大,则弯曲件回弹增加,降低零件的尺寸与形状精度。

凸模和凹模之间的间隙值一般可由下式来决定:

$$Z = t_{max} + nt = t + \Delta + nt \tag{3-34}$$

式中　Z——弯曲凸模与凹模的单面间隙(mm);

　　　t_{max}、t——材料厚度的最大尺寸和基本尺寸(mm);

　　　Δ——材料厚度的上偏差;

　　　n——间隙系数,如表 3-8 所示。

表 3-8　U 形件弯曲的间隙系数 n 值

弯曲件高度 H/mm	材料厚度 t/mm								
	$b/H \leqslant 2$				$b/H > 2$				
	<0.5	$0.6 \sim 2$	$2.1 \sim 4$	$4.1 \sim 5$	<0.5	$0.6 \sim 2$	$2.1 \sim 4$	$4.1 \sim 7.5$	$7.6 \sim 12$
10	0.05	0.05	0.04		0.10	0.10	0.08		
20	0.05	0.05	0.04	0.03	0.10	0.10	0.08	0.06	0.06
35	0.07	0.05	0.04	0.03	0.15	0.10	0.08	0.06	0.06
50	0.10	0.07	0.05	0.04	0.20	0.15	0.10	0.06	0.06
70	0.10	0.07	0.05	0.05	0.20	0.15	0.10	0.10	0.08
100		0.07	0.05	0.05		0.15	0.10	0.10	0.08
150		0.10	0.07	0.05		0.20	0.15	0.10	0.10
200		0.10	0.07	0.07		0.20	0.15	0.15	0.10

4. 弯曲凸模与凹模横向尺寸及制造公差

U 形弯曲模凸模与凹模的横向尺寸及制造公差与弯曲件的尺寸标注有关,分为两种情况:

(1)标注外形尺寸的弯曲件如图 3-34(a)、(b)所示。弯曲件为双向对称偏差时,凹模尺寸为

$$L_{凹} = (L - 0.5\Delta)_0^{+\delta_凹} \tag{3-35}$$

弯曲件为单向偏差时,凹模尺寸为

$$L_{凹} = (L - 0.75\Delta)_0^{+\delta_凹} \tag{3-36}$$

凸模尺寸为

$$L_{凸} = (L_{凹} - 2Z)_{-\delta_凸}^0 \tag{3-37}$$

(2)标注内形尺寸的弯曲件如图 3-34(c)、(d)所示。弯曲件为双向对称偏差时,凸模尺寸为

$$L_{凸} = (L + 0.5\Delta)_{-\delta_凸}^0 \tag{3-38}$$

弯曲件为单向偏差时,凸模尺寸为

$$L_{凸} = (L + 0.75\Delta)_{-\delta_凸}^0 \tag{3-39}$$

凹模尺寸为

$$L_{凹} = (L_{凸} + 2Z)_0^{+\delta_凹} \tag{3-40}$$

式中　L——弯曲件基本尺寸(mm);

　　　$L_{凸}$、$L_{凹}$——凸模、凹模工作部分尺寸(mm);

$\delta_{凸}$、$\delta_{凹}$——凸模、凹模制造公差，一般选 IT 7～IT 9 级精度；

Z——凸、凹模单面间隙（mm）。

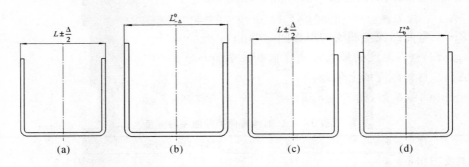

图 3-34　弯曲件尺寸标注形式

第二节　弯曲模设计与制造

一、弯曲模结构设计

（一）V 形件弯曲模

V 形弯曲件如图 3-35（a）所示，直边较长，V 形件弯曲模所图 3-35（b）、（c）所示，特点是凸模 3 比较细长，凹模 8 比较浅，弯曲前的定位靠定位板 6 上的挡块 5 定位，存放杆 7 的作用是：在模具不工作时存放时，考虑到凸模细长而使上模左右一边倒的可能，影响导柱导套的精度和使用。

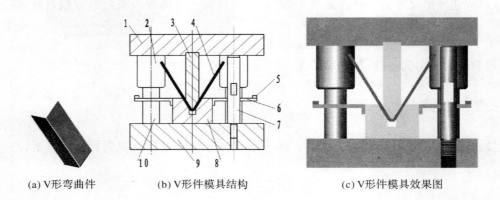

（a) V形弯曲件　　　　（b) V形件模具结构　　　　（c) V形件模具效果图

1.上模板　2.导套　3.凸模　4.工件　5.挡块　6.定位板

7.存放杆　8.凹模　9.下模板　10.导柱

图 3-35　V 形件和 V 形弯曲模

（二）汽车纵梁 U 形弯曲模设计

汽车纵梁 U 形件是一种大变形的弯曲件，和一般弯曲件不同的是，弯曲回弹一直是纵梁成形中一个难以解决的问题,回弹使纵梁的形状和尺寸或者中心角和弯曲半径变得与模具尺寸不一致,影响零件使用或冲压部件的装配。

影响回弹的因素有:材料的力学性能,相对弯曲半径 r/t,弯曲张角 α,弯曲方式及模具几何参数等,补偿法主要是减少弯曲模中的凸、凹模对板料接触面积来抑制回弹,对厚板弯曲的作用非常有限。校正法是一种事后修补的工艺措施方法,比较适合尺寸比较小的 U 形或 V 形弯曲件。然而对汽车纵梁这种大尺寸的弯曲,再通过设计制造修正模校正弯曲,大大提高了冲压件的生产成本,但实际冲压生产中,一般不采用这种方法。减小弯曲凸、凹模间隙取值的方法,会产生冲压件侧表面产生过大的摩擦力而擦伤表面,影响零件的外观。

深 U 形件弯曲时加载了恒定的压边力,因弯曲后期,随变形件变形抗力的增加而增加,恒定的压边力效果远不如加载过程中变化如上升的压边力,而且在凹模表面预先加工成下凹的斜面,虽有助于减小弯曲,由于弯曲是一种大变形大位移的变形,很难保证大尺寸如汽车纵梁弯曲形状和尺寸的准确性。

汽车纵梁侧壁孔位与底部距离尺寸公差是保证与汽车横梁正确装配的条件之一,但往往由于弯曲模设计或制造达不到技术要求,其尺寸在不同位置出现不同程度的超差问题,影响了汽车纵梁与汽车横梁装配。为此,要在拉弯工艺的基础上,弯曲模结构工艺上进一步的改进设计与制造,这样才能比较好地抑制汽车纵梁弯曲回弹,并使零件侧壁的孔位与底部的尺寸满足纵梁与横梁的装配要求。

1. 汽车纵梁工艺分析

汽车纵梁是一种大尺寸的弯曲件(图 3-36 所示),材料 $16MnL$,$t=8mm$,长 9.7m,零件侧壁有许多孔,其孔中心位置与纵梁底部有尺寸距离偏差要求(图 3-37),这些孔按每组,沿纵梁长度方向上分布,在不同位置与多个横梁装配所用。如果汽车纵梁弯曲后回弹在可控范围内(图 3-38 所示),那么铆钉穿过纵梁和横梁进行车架装配是能够达到汽车产品设计的要求,如果纵梁弯曲产生了过大的回弹,则给装配带来很大的不便(图 3-39)。在此种情况下,往往是手工采用重锤敲打,以迫使过大弯曲形状进一步整形,直到铆钉勉强能穿过纵梁和横梁再铆接,如此,不但影响了车架装配质量,而且增加操作人员的劳动强度。

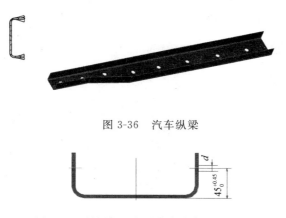

图 3-36　汽车纵梁

图 3-37　纵梁侧壁的孔位与底部尺寸及偏差

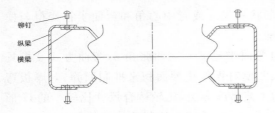

图 3-38　纵梁与横梁的装配

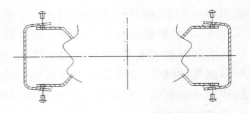

图 3-39　纵梁回弹过大与横梁的装配

由于整车产品是小批量或订单生产，横梁是先成形后冲孔或钻孔，孔的左右距离尺寸精度完全能达到与左和右纵梁装配要求，而纵梁是展开后先钻孔或冲孔（图 3-40），弯曲时，是以纵梁底部工艺孔定位弯曲的。由于模具设计制造难以达到弯曲件精度要求，产生过大的回弹使零件侧壁的孔位与底部尺寸距离在弯曲后超差，分析的原因有：(1)纵梁本身弯曲成形难度大且回弹不易控制；(2)纵梁尺寸大，凸、凹模分段加工装配成部件时，凸、凹模圆角常常手工打磨，尤其是凸模圆角，在纵梁的长度方向上保持相同的凸模圆角(半径)是很难做到的。因此，纵梁在与横梁装配时发生有些孔超差，有些孔并未超差，原因就在于此。

图 3-40　纵梁展开钻孔

2. 弯曲模设计

纵梁弯曲模一般的结构设计如图 3-41 所示，由于纵梁长度比较长，凸模与凹模必须都要分段制造，然后再拼装在上和下模板上，对于凸、凹模圆角要拼装后手工磨削，难以在与垂

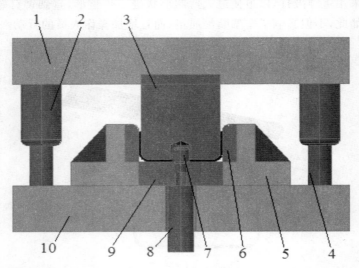

1. 上模板　2. 导套　3. 凸模　4. 导柱　5. 凹模座　6. 凹模　7. 定位销　8. 推杆　9. 推板　10. 下模板

图 3-41　纵梁弯曲模

直凸模圆角半径 R_p 和凹模圆角半径 R_d 平面的轴线方向（纵梁长度方向上）保持一致，故零件侧壁的孔位与底部有尺寸距离有不相同的偏差在所难免。在此基础上将模具修改成如图3-42结构，这种结构采用拉弯结构，拉弯结构的工艺是使板料弯曲的同时施以拉力，可以使得剖面上的压力区转为拉力区，应力应变分布趋于一致，从而可以显著减少回弹量。在压弯U形件时，利用压边装置来实现拉弯工艺，牵制毛料的自由流动，关键是采用压边力在弯曲过程中上升的压边力，弯曲后期，变形抗力进一步增加，所需的拉弯力也要相应增加，所以可以取得不错的效果。

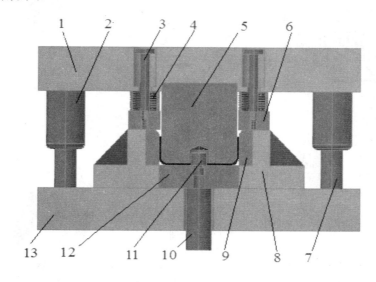

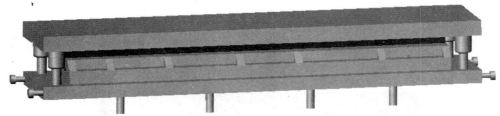

1. 上模板　2. 导套　3. 卸料螺钉　4. 弹簧　5. 凸模　6. 卸料板　7. 导柱
8. 凹模座　9. 凹模　10. 推杆　11. 定位销　12. 推板　13. 下模板

图 3-42　改进设计后的纵梁弯曲模

（三）对称弯曲模设计

对称弯曲可以使弯曲受力均衡，但也不是什么冲压件都可以为了使受力均衡而做成对称弯曲的，如图3-43所示的某产品的护板冲压零件，如果单独弯曲，就要比较精确地计算压力中心，否则模具的压力中心可能会与压力机中心偏斜而造成压力机过早损坏。但如果要做成对称弯曲，则要视产品本身是否需要对称的两件，如果不需要，就不能做成对称的弯曲模。如图3-44所示的弯曲件，其尺寸和形状都是对称的。这样类型的弯曲件是可以做成对称弯曲模的，弯曲模如图3-45所示。

弯曲前利用毛坯上的两个定位孔定位，由于弹簧3的弹力，使得压料板2下平面与凸模9下平面平齐，或凸模略比压料板缩进一点，以保证压料板2与下模顶板8始终压住板料。

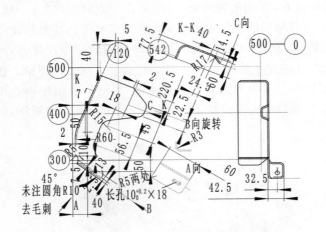

图 3-43　护板

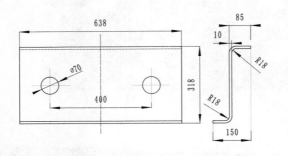

图 3-44　弯曲件

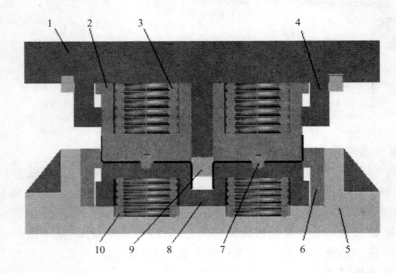

图 3-45　对称弯曲模

弹簧 3 的力设计时大于弹簧 10 的弹力,板料随凸模 9 和压料板 2 下行,先使毛坯两端往下弯曲,当下模顶板 8 与下模座 5 接触时,压料板 2 上的弹簧 3 压缩,使得凸模 9 相对于压料板下降,将毛坯的中间一端弯曲成形。当压料板与上模座相接触时,整个制件得到校正。

二、弯曲模设计步骤

(一)弯曲模设计的一般步骤

(1)收集和分析原始资料;

(2)对弯曲件进行工艺分析;

(3)确定冲裁工艺方案;

(4)选取模具结构类型;

(5)进行必要的工艺计算;

1)计算弯曲力、顶件力等,初选压力机的吨位,工作台尺寸等;

2)计算模具压力中心;

3)计算凸、凹模工作部分尺寸并确定制造公差;

4)弹性元件(弹簧或橡胶)的选用与计算;

(6)选择与模具的主要零部件的结构与尺寸;

(7)绘制模具总装配图及各非标的零件图。

(二)弯曲模设计步骤

如图 3-46 所示是翼边上有侧孔的 U 形件。材料为 16MnL。

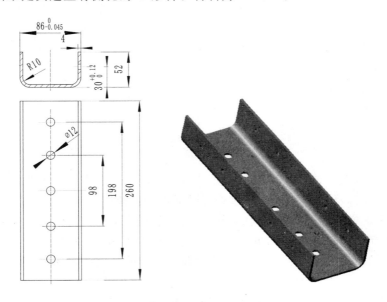

图 3-46 翼边上有侧孔的 U 形件

1. 工艺分析

分析得知在翼边上有侧孔的 U 形弯曲件,可在平板毛坯上先冲孔后弯曲,或先弯曲后冲侧向孔,如果翼边上侧孔对底部有尺寸精度要求时,先在平板毛坯上冲孔后弯曲,则可能弯曲后回弹使尺寸超差,但这种方法相对模具成本低。采用先弯曲后冲侧向孔,则采用带斜楔侧向孔冲模虽然能保证精度要求,但模具结构较复杂。因此,还是采用先冲所有孔再弯曲,由冲出的孔定位,由于在翼边上有侧孔并且弯曲高度不是很高,同时弯曲件标注外形偏差,所以模具结构采用压边形式,即高度方向的材料全部拉入凹模模腔,是可以达到产品的设计要求的。

2. 必要的工艺计算

弯曲力 $F = \dfrac{0.7kbt^2\sigma_b}{r+t} = \dfrac{0.7 \times 1.3 \times 260 \times 4^2 \times 500}{10+4} = 135200(\text{N})$

顶件力和压边力取相同 $F \times 30\% = 40560N$,取 $\phi60mm$,$H_0 = 75mm$,橡皮 12 个。

展开长度 $L = (52-4-10) \times 2 + (86-4-4-10-10) + \pi\rho = 76+58+\pi \times (10+4 \times 0.39) = 170.3(\text{mm})$

凹模尺寸为 $L_{凹} = (L-0.75\Delta)_0^{+\delta_凹} = (86-0.75 \times 0.45)^{+0.035} = 85.66_0^{+0.035}(\text{mm})$

凸模尺寸为 $L_{凸} = (L_{凹}-2Z)_{-\delta_凸}^0 = (85.66-2 \times 4)_{-0.025}^0 = 77.66_{-0.025}^0(\text{mm})$

3. 装配图设计

(1)和设计冲孔模相同,先画出工件位置(图 3-47(a))。

(2)画出凹模座和顶块,凹模座宽度是根据弯曲件展开长度而来,取 172。弯曲件展开长度和弯曲件高度是设计弯曲模尺寸大小的主要依据。凸模和凹模圆角取相同 R10mm。弯曲件上平面到凹模座上平面取 13mm(图 3-47(b))。

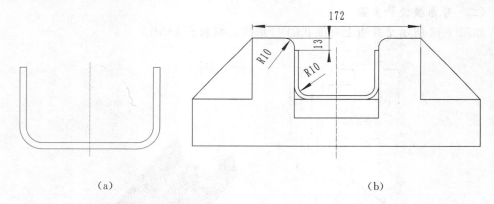

(a)   (b)

(3)画出弯曲模凸模和凹模及压料圈,画出凸模时要考虑弹性元件的压缩量及自由高度,由于橡皮比弹簧大一些,所以弯曲模弹性元件采用橡皮(图 3-47(c))。

(4)画出上模板和下模板,导柱和导套,橡皮和橡皮垫板,卸料螺钉。由于其余零件在设计时是有相互关联的,所以是在设计过程中定下尺寸的,需要一次完成。卸料螺钉到上模板沉孔上平面的距离应该等于弯曲件高度加上弯曲后的弯曲件上平面到凹模上平面距离之和。都是 65mm。导柱与凹模座分开距离 20mm(图 3-47d)。

(5)画出定位销、下卸料螺钉、推杆,卸料螺钉的螺钉头部下平面与下模板沉孔接触面的距离也是 65mm 或略高一些,保证推板与凹模上平面平齐或略高出一些,一般高出 0.5～1mm(图 3-47(e))。

(6)计算模具闭合高度及检查其余尺寸(图 3-47(f))。

(7)画出剖面线并标出引出线,完成模具总装配图(图 3-47(g))。

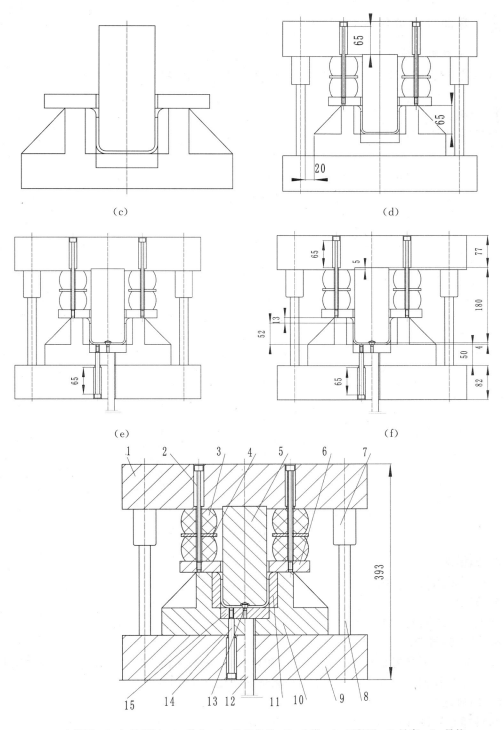

1. 上模板　2. 卸料螺钉　3. 橡皮　4. 橡皮垫板　5. 凸模　6. 压料圈　7. 导套　8. 导柱
9. 下模板　10. 凹模座　11. 凹模　12. 推杆　13. 定位销　14. 下卸料螺钉　15. 推板

图 3-47　弯曲模设计过程

三、弯曲模主要零部件设计与制造

（一）主要零件设计

该模具有许多零件可参照垫板冲孔模，如上模板、下模板、导柱、导套、定位销及卸料螺钉。

1. 凸模

凸模零件图设计如图 3-48 所示。

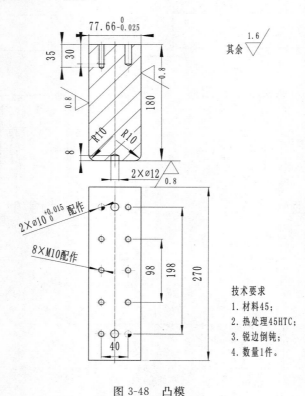

图 3-48　凸模

技术要求
1. 材料45；
2. 热处理45HTC；
3. 锐边倒钝；
4. 数量1件。

2. 凹模座

凹模座采用铸件，并铸出加强肋，图 3-49 所示。

3. 凹模

凹模采用左右对称的设计图（图 3-50）。

4. 导柱和导套

导柱和导套可参考垫板冲孔模的导柱和导套，其中弯曲模采用 4 对导柱和导套，其中的一对直径相对其他 3 对或大或小，可以避免装配时反装（图 3-51）。

5. 卸料螺钉

卸料螺钉的设计可参考垫板冲孔模（图 3-52）。

6. 聚氨酯橡胶和垫片

模具采用聚氨酯橡胶，调整比较方便（图 3-53），由于高径比的关系，所以要加垫片（图 3-54）。

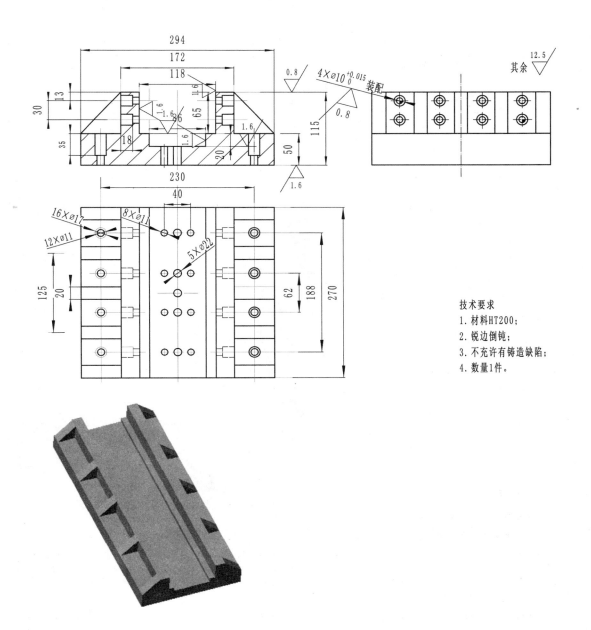

技术要求
1. 材料HT200;
2. 锐边倒钝;
3. 不允许有铸造缺陷;
4. 数量1件。

图 3-49　凹模座

7. 压料圈

采用整体式压料圈(图 3-55)。

8. 定位销

定位销设计见图 3-56。

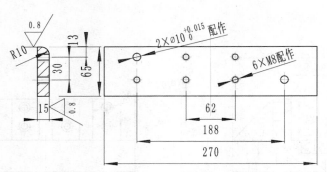

其余 1.6

技术要求
1. 材料45；
2. 热处理45HRC；
3. 锐边倒钝；
4. 左右对称各1件。

(a) 凹模设计图

(b) 凹模左右对称各一件三维图

图 3-50　凹模

9. 推板

推板设计见图 3-57 所示。

10. 上模板和下模板的设计

由于弯曲件是属于比较细长的零件,模具结构没有相对应的模板标准,所以就要自行设计。

(二) 主要零件制造

(1)凸凹模制造。凹模座和凹模及凸模按图纸制造后,三者合在一起,再装配修整到凸模和凹模所需尺寸。保证单面间隙 4mmm。见图 3-58 所示凸凹模制造。

(2)弯曲模采用 4 对导柱和导套,其中一对导柱导套直径和另三对导柱导套不同。目的是安装时不会发生反装情况出现。

(3)上下模板。可采用的材料 HT200 或 Q235 都可。如果采用 Q235,就没有必要做成如同铸件那样多的加工要素了,直接取一块矩形厚板加工即可。

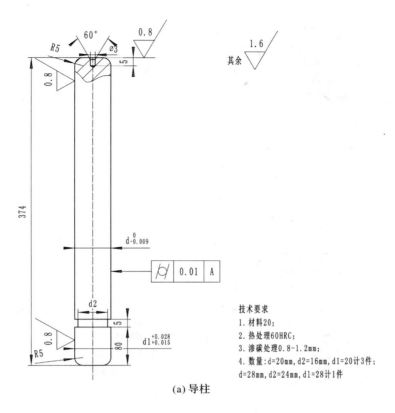

(a) 导柱

技术要求
1. 材料20；
2. 热处理60HRC；
3. 渗碳处理0.8-1.2mm；
4. 数量：d=20mm，d2=16mm，d1=20计3件；
d=28mm，d2=24mm，d1=28计1件

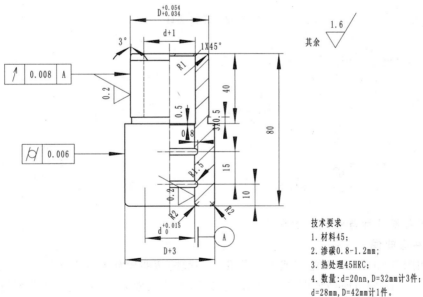

(b) 导套

技术要求
1. 材料45；
2. 渗碳0.8-1.2mm；
3. 热处理45HRC；
4. 数量：d=20nn，D=32mm计3件；
d=28mm，D=42mm计1件。

图 3-51　导柱与导套

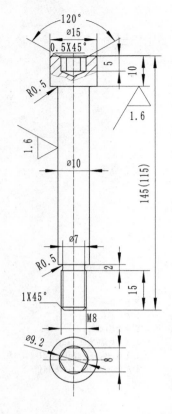

图 3-52 卸料螺钉

技术要求
1. 材料45；
2. 热处理45HRC；
3. 145mm数量6件，115数量8件。

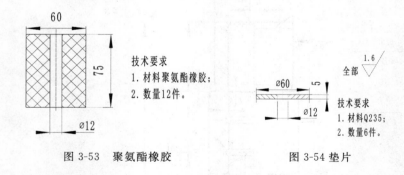

图 3-53 聚氨酯橡胶

技术要求
1. 材料聚氨酯橡胶；
2. 数量12件。

图 3-54 垫片

技术要求
1. 材料Q235；
2. 数量6件。

（三）弯曲模设计与制造注意事项

1. 形件弯曲模

形件如图 3-59 所示，无论有或无工艺孔。一般的弯曲模如图 3-60 所示。

实际生产说明，凸模做成图 3-60 所示的形状，则弯曲效果很不理想，弯曲后弯曲很难控制，一般都达不到弯曲件的要求，所以实际冲压生产中这种凸模类型一般不采用，设计这种弯曲件的弯曲模同样可参考图 3-47 所示的弯曲模结构，即采用压边的形式。

2. 弯曲凸模的修改

对于 U 形件弯曲，如弯曲后出现如包在凸模上（图 3-61），取下弯曲件时发生的回弹如

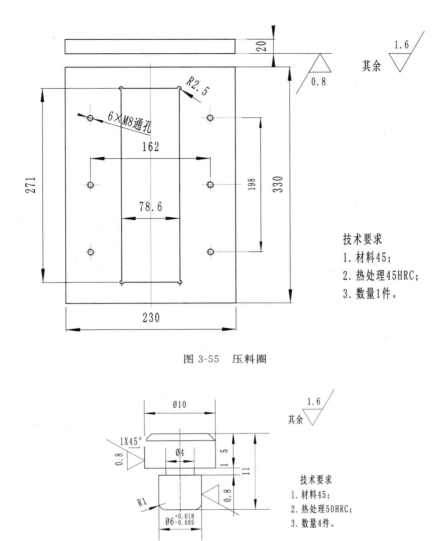

图 3-55 压料圈

其余 1.6

技术要求
1. 材料45；
2. 热处理45HRC；
3. 数量1件。

其余 1.6

技术要求
1. 材料45；
2. 热处理50HRC；
3. 数量4件。

图 3-56 定位销

图 3-62 所示的情况，如果将凸模修改为偏转一个角度（图 3-63），期望能达到弯曲件要求。这种方法一般是在弯曲后出现回弹后再修模的，但斜面的凸模并不能实现回弹值刚好等于回弹角，或起到了一个补偿作用。因为弯曲回弹是弹塑性变形，即使回弹恢复也不可能完全的弹性恢复，而是残余变形。而且原先的凸模加工后一般要进行热处理，所以再次修模时必须要磨削才能完成偏转一个小角度的斜面，如果模具尺寸很大，修模的工作量也是很大的，关键是修模后如果还是不能达到回弹能在可控制范围内，凸模只能做报废处理，对于像汽车纵梁这样大型弯曲件，更是不能这样修模。因此，依赖于改变凸、凹模形状来控制回弹或减小回弹的方法一般都是不可取的，因为这样要使得弯曲件的底部形状与原弯曲件的设计要求不相符合，会改变原设计的弯曲件的形式状，同时回弹也并不一定可控制在允许的范围内。

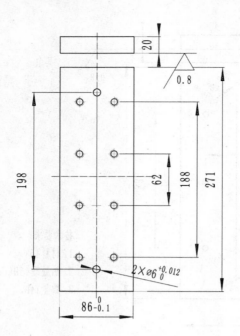

其余 $\sqrt{1.6}$

技术要求

1. 材料45；

2. 热处理45HRC；

3. 锐边倒钝；

4. 数量1件。

图 3-57 推板

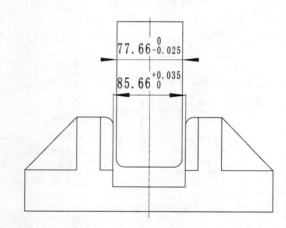

图 3-58 凸凹模制造

(a) 有工艺孔

(b) 无工艺孔

图 3-59 形弯曲件和

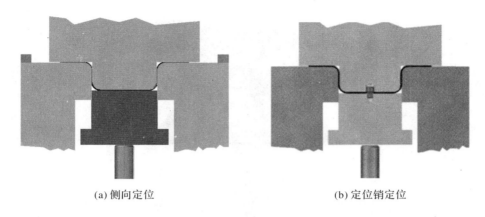

(a) 侧向定位　　　　　　　　　　　　　　　　(b) 定位销定位

图 3-60　弯曲模

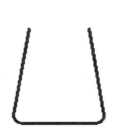

图 3-61　弯曲件包在凸模上　　　　　图 3-62　弯曲件回弹　　　　　图 3-63　凸模修改成斜面

3. 凸模和凹模圆角加工

大多数情况下，弯曲模中的凸模及凹模会在装配后再修正圆角，而且采用手工磨削比较多，因此，可能会造成凸模及凹模长度方向圆角的不一致，这样，弯曲件的回弹也同样会发生在和凸模及凹模长度方向圆角的不一致。如果模具设计中，凸模和凹模在原先凸模和凹模处圆角处采用刨或铣削及磨出相应的矩形缺口，凸模和凹模圆角部分如采用棒料经车削及磨削等加工，采用 1/4 圆柱安装上去（模具如图 3-64）。避免原先手工磨削加工凸模和凹圆角尺寸不易控制的问题。虽然加工比原先略有提高了成本，但整副模具的制造精度大大地提高，经过改进后的模具，即使产生了回弹，也比较能控制，出现回弹不一致的情况就会大大减少。对于零件侧壁的孔位与底部有尺寸公差要求范围的零件（图 3-46），特别能满足如纵梁与横梁的装配要求。

4. 高 U 或 V 形凸模的制造

如果 U 形或 V 形比尺寸比较大，而凸模又比较高的情况下，实际为节约材料成本，可以按如下方法加工。因为在设计这类模具时，并不要求凸模（或凹模）全部与板材接触的，而真正接触部分才需要采用较好的模具材料。所以可以有对于较宽的凸模分上下两段，采用销钉和螺钉连接，对于细长的凸模也分上下两段，采用焊接的方法再磨平。上面的材料可用 Q235，下面与板料接触的材料用 45，经淬火。图 3-65 所示是高 U 或 V 形凸模的制造。

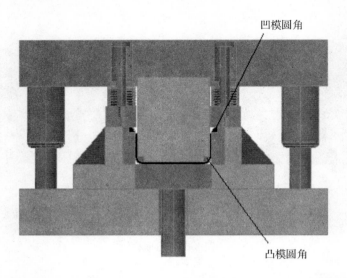

图 3-64　凸模和凹模圆角加工

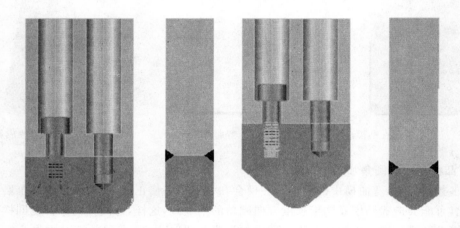

图 3-65　高 U 或 V 形凸模的制造

5. 定位

对于有定位孔的 U 形或形件,定位销的加工一般要先对冲孔后的板料上的定位孔进行实际测量,来确定定位销与定位孔接触部分直径多大才加工的。加工后的定位销安装在弯曲模推板上调试,直到安放自如。然而对于无定位孔的 U 形或形弯曲件,一般都是在凹模上平面一侧安装定位块。如图 3-66 所示。由于板料展开尺寸总是存在着一定的误差,图 3-67 采用内六角(或外六角)螺钉将定位块定固定在凹模上,一般定位块上的螺钉孔加工了大一些,松开螺钉,敲打一下定位块,只能是微调来移动定位块的,而不能作比较大的调整。图 3-68 是开腰子形孔的定位块,采用外六角螺钉外加垫片固定在凹模上,相对来说,开腰子形孔的定位块比固定块要方便一些,调整范围更大,虽然是小小的细节问题,但是对操作人员来说,就要考虑了愈仔细愈好。如果模具设计人员没有考虑到,则模具制造时可作适用的修改。

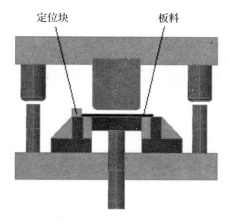

定位块　　　　　板料

图 3-66　一侧安装定位块

图 3-67　定位块

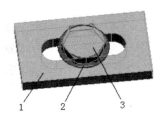

1

2

3

1. 腰形孔定位块　2. 垫片　3. 外六角螺钉

图 3-68　腰形孔定位

第四章　拉深模设计与制造

　　拉深是把剪裁或冲裁成一定形状的平板毛坯利用模具变成开口空心工件的冲压方法。图 4-1 所示,是用拉深模将一块圆板毛坯拉深成筒形件的过程。

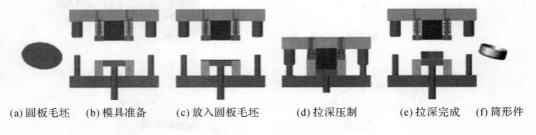

(a)圆板毛坯　(b)模具准备　(c)放入圆板毛坯　(d)拉深压制　(e)拉深完成　(f)筒形件

图 4-1　筒形件拉深过程

第一节　拉深模的设计基础

一、拉深时的变形和应力及应变状态

(一)拉深时的变形

　　将直径为 D 的毛坯拉深成直径为 d 的筒形件。由图 4-2(a)所示,由圆形毛坯拉深成圆筒形件出现了"多余的三角形"(剖面线部分)。如果切去"多余的三角形",沿直径 d 的圆周折弯成筒形件,则筒形件高度 $h=(D-d)/2$。但实际拉深时,"多余的三角形"并没有切去,这部分材料在拉深时因塑性变形而发生了转移,从而使拉深件的高度增加了 Δh,即 $h=(D-d)/2+\Delta h$,如图 4-2(b)所示。

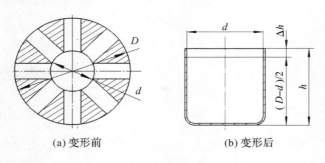

(a)变形前　　　　　　　(b)变形后

图 4-2　毛坯变形前后的变化

毛坯的变形情况,还可用 4-3 所示的毛坯变形前后网格变化说明。拉深前用一些相距为 a 的同心圆和夹角相等的放射线划出网格,形成一些小的扇形格子。拉深后 d 以内的坯料变成工件的底,$D—d$ 部分成了筒形部。观察网格的变化发现:工件底部网纹变化不显著,而侧壁上的网纹变化很大,放射线在工件侧壁变成相互平行且垂直于底部的直线,其间距相等,即:

$$b_1=b_2=b_3\cdots=b_n$$

同心圆在工件侧壁变成水平圆筒线,其间距 a 增大,越靠近筒的上部越大,即:

$$a_1>a_2>a_3\cdots a_n$$

也就是说毛坯上的扇形格子(图 4-3)拉深后在工件的侧壁变成了矩形,各矩形宽度相等,高度沿底向筒口逐渐增加。

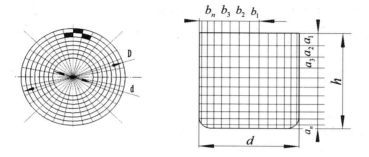

图 4-3　毛坯变形前后的网格变化

此时测量工件高度,$h>(D-d)/2$,而不是 $h=(D-d)/2$。

根据坐标网格的变化可以推想其变形情况,工件底部网格基本不变,侧壁变化大,说明底部变形小,而处于凹模平面上的$(D—d)$圆环形部分则变形大,这部分是拉深的主变形区。

由于工件高度大于$(D-d)/2$,说明拉深时有一部分金属向上流到口部去增加了工件的高度。从图 4-2 看出,流动到工件上部去的材料就是图中"多余的三角形"(剖面线部分)。因为用外径为 D 的毛坯拉深直径为 d 的工件时,在 d 以外的部分其圆周长度比工件周长 πd 要大,对于形成工件侧壁来说,这部分三角形材料是多余的,拉深时它只有向上流动到筒口方向去,才能使工件顺利成形,因而使工件的高度比$(D-d)/2$大。

这些金属是怎样流动到上面去的呢?可从变形区任选一个扇形格子来分析,如图 4-4 所示。拉深后扇形格子变形矩形格子,它的两条射线变成矩形的长边后,长度大于 a,说明它在径向受到了拉应力作用而变长,很明显,这个力由凸模作用力而产生。扇形的两条长度不等的圆周线缩短成等长的矩形格子宽边,说明在切向它受的是压应力,这个力是材料向凹模口流动时,由于有多余材料存在,相互挤压而产生的在拉应力和压应力作用下,材料径向伸长,切向缩短,扇形格子就变成矩形格子,多余金属也就流到工件口部,形成工件侧壁的一部分了。

归纳起来,拉深变形过程是:在凹模平面上$(D—d)$环形变形区内的金属,在拉深时,要在拉应力和压应力作用下,径向伸长,切向缩短,依次流凸、凹模之间的间隙里,逐步形成工件的筒壁,直到平板毛坯完全变成圆筒形工件为止。

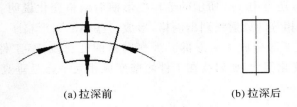

(a)拉深前　　　　　　　　　　(b)拉深后

图 4-4　拉深时扇形单元的受力与变形情况

(二)拉深时的应力和应变状态

为了更深刻地认识拉深过程,了解拉深中所发生的各种现象,以满足工艺设计和零件质量分析的要求,有必要了解拉深过程中材料各部分的应力与应变状态。

拉深时,凹模平面上的材料其外径要逐步缩小,向凹模口部流动,然后转变成工件侧壁的一部分。由于在凸缘外边,多余材料比里边的多,因而在拉深过程中不同位置的材料其应力与变形是不同的。随着拉深的进展,变形区同一位置处材料的应力应变状态也在变化。

设有压边首次拉深中某一时刻,材料处于图 4-5 所示情况,现研究其各部分的应力及应变状态。图中:

σ_1、ε_1——表示毛坯的径向应力与应变;

σ_2、ε_2——表示毛坯厚度方向的应力与应变;

σ_3、ε_3——表示毛坯切向(周向)的应力与应变。

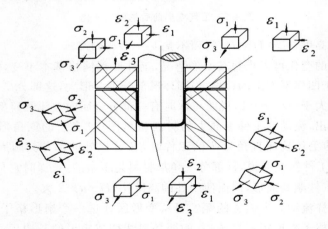

图 4-5　拉深时毛坯的应力应变状态

1. 平面凸缘(变形区)部分

这部分是扇形格子变成矩形的区域,拉深变形主要在这区域内完成。从中取出基元体研究,根据前面分析,在径向受拉应力 σ_1 作用,切向受压应力 σ_3 作用,厚度方向因有压边力而受压应力 σ_2 作用,是立体的应力状态。在 3 个主应力中,σ_1 和 σ_3 的绝对值比 σ_2 大得多。σ_1 和 σ_3 的值,由于剩余材料在凸缘区外边多,内边少,因而从凸缘外边向内是变化的,σ_1 由零增加到最大,而 σ_3 由最大减小到最小。

基元体的应变状态也是立体的,可根据塑性变形体积不变定律或全量塑性应力与塑性应变关系式来确定。

在凸缘外边 σ_3 是绝对值最大的主应力,则 ε_3 是绝对值最大的压缩变形。根据塑性变形体积不变定律,则 ε_1 和 ε_2 必为拉伸变形。

在凸缘内区,靠近凹模圆角处,σ_1 是绝对值最大的主应力,因而 ε_1 是绝对值最大的拉伸变形,ε_2 和 ε_3 则为压缩变形。

这样,ε_2 是拉深变形还是压缩变形,要视基元体所受 σ_1 和 σ_3 之间的比值而定,通常在凸缘外边 ε_2 为拉深变形,内边为压缩变形。板料毛坯拉深后凸缘变形后的厚度变化如图 4-6 所示。

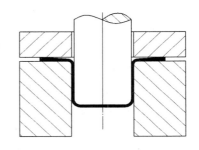

图 4-6 拉深时毛坯凸缘板厚的变化

2. 凹模圆角部分

这是凸缘和筒壁部分的过渡区,材料的变形比较复杂,除有与凸缘部分相同的特点,即径向受拉应力 σ_1 和切向受压应力 σ_3 作用外,还要受凹模圆角的压力和弯曲作用而受压应力 σ_2 作用。变形状态是三向的,ε_1 是绝对值最大的主变形,ε_2 和 ε_3 是压缩变形。

3. 筒壁部分(传力区)

这部分材料已经变成筒形,不再产生大的塑性变形,起着将凸模的压力传递到凸缘变形区上去的作用,是传力区。σ_1 是凸模产生的拉应力,由于凸模阻碍材料在切向自由收缩,σ_3 也是拉应力,σ_2 为零。变形为平面应变状态。其中 ε_1 为拉深,ε_2 为压缩,$\varepsilon_3 = 0$。

4. 凸模圆角部分

这部分是筒壁和圆筒底部的过渡区,它承受径向 σ_1 和切向 σ_3 拉应力的作用,厚度方向受到凸模压力和弯曲作用而产生压应力 σ_2。变形为平面状态,ε_1 为拉伸,ε_2 为压缩,$\varepsilon_3 = 0$。

5. 圆筒底部(小变形区)

这部分材料拉深一开始就被拉入凹模内,始终保持平面形状,由它把接受到的凸模作用力传给圆壁部,形成轴向拉应力。它受两向拉应力 σ_1 和 σ_3 作用,相当于周边受均匀拉力的圆板。变形是三向的,ε_1 和 ε_3 为拉伸,ε_2 为压缩。由于凸模圆角处的摩擦制约底部的拉深,故圆筒底部变形不大,只有 1%～3%,可忽略不计。

二、拉深过程的力学分析

拉深时,毛坯的不同区域具有不同的应力应变状态,而且应力应变状态的绝对值是随着拉深过程而不断变化的。本节从力学上对拉深过程进行分析,先找到凸缘变形区的应力分布,再讨论拉深过程中历程的变化规律,最后从理论上求出拉深时凸模所加拉深力 F。

(一)凸缘变形区的应力分析

1. 拉深中某时刻凸缘变形区的应力分布

拉深过程中,凸缘变形区材料径向受拉应力 σ_1 作用,切向受压应力 σ_3 作用,厚度方向受压边圈所加不大的压应力 σ_2 作用。如 σ_2 忽略不计,则只需求 σ_1 和 σ_3 的值,就可知变形区的应力分布。

当毛坯半径为 R_0 的板料拉深半径到 R_t 时,采用压边圈拉深如图 4-7(a)所示。根据变形时金属基元体应满足的力的平衡条件和塑性方程,经过一定的数学推导就可以求出径向拉应力 σ_1 和切向压应力 σ_3 的大小。其值为:

$$\sigma_1 = 1.1\bar{\sigma}_m \ln\frac{R_t}{R} \tag{4-1}$$

$$\sigma_3 = 1.1\bar{\sigma}_m(1-\ln\frac{R_t}{R}) \tag{4-2}$$

式中　$\bar{\sigma}_m$——变形区材料的平均抗力；

　　　R_t——拉深中某时刻凸缘半径；

　　　R——凸缘区内任意点的半径。

由(4-1)和(4-2)可知，凸缘变形区内，σ_1 和 σ_3 的值是按对数曲线规律分布的。如图 4-7 (b)所示。在凸缘变形区内边缘(凹模入口处)，即 $R=r$ 处径向拉应力 σ_1 最大，其值为：

$$\sigma_{1max} = 1.1\bar{\sigma}_m \ln\frac{R_t}{r} \tag{4-3}$$

而 σ_3 最小为 $\sigma_3 = 1.1\bar{\sigma}_m(1-\ln\frac{R_t}{r})$，在凸缘变形区外边缘 $R=R_t$ 处压应力 σ_3 最大，其值为：

$$\sigma_{3max} = 1.1\bar{\sigma}_m \tag{4-4}$$

而拉应力 σ_1 为零。

凸缘从外边向内边，σ_1 由低到高变化，σ_3 则由高到低变化，因此凸缘中间必有一交点存在(见图 4-7(c))，在交点处 σ_1 和 σ_3 的绝对值相等。令 $|\sigma_1| = |\sigma_3|$，则有：

$$R = 0.61R_t$$

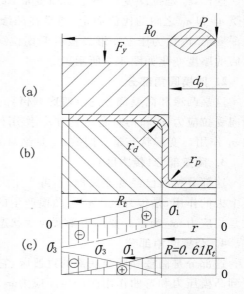

图 4-7　圆筒形件拉深时凸缘变形区应力分布

在交点 $R=0.61R_t$ 处作一圆，将凸缘分成两部分，由此圆向外边缘($R>0.61R_t$)，$|\sigma_3|>|\sigma_1|$，压应变 ε_3 为绝对值最大的主应变，厚度方向上的变形 ε_2 是拉应变。此处板料略有增厚。由此圆向内到凹模口($R<0.61R_t$)，$|\sigma_1|>|\sigma_3|$，拉应变 ε_1 为最大主应变，ε_2 为压应变，此处板料略有减薄。因此交点处就是凸缘变形区厚度方向变形是增厚还是减薄的分界点。但就整个凸缘变形区来说，以压缩变形为主的区域比拉伸变形为主的区域大得多，所以，拉深变形属于压缩类变形。

2. 拉深过程中 σ_{1max} 和 σ_{3max} 的变化规律

σ_{1max} 和 σ_{3max} 是在毛坯凸缘半径由 R_0 变化到 R_t 时，在凹模洞口的最大拉应力和凸缘最外边的最大压应力。在不同的拉深时刻，R_t 是随 $R_0 \rightarrow r$ 变化而变化的，所以拉深过程中 σ_{1max} 和 σ_{3max} 也是不同的，何时出现最大值(σ_{1max}^{max} 和 σ_{3max}^{max})，这对防止拉深时起皱和破裂是很必要的。

(1)σ_{1max} 的变化规律

由 $\sigma_{1max} = 1.1\bar{\sigma}_m \ln\frac{R_t}{r}$ 可知

式中$\bar{\sigma}_m$ 是变形区材料的平均抗力，只要给出拉深材料的牌号，毛坯半径 R_0 和工件半径 r 以及某瞬时的凸缘半径 R_t，就可求得 R_t 时的平均抗力$\bar{\sigma}_m$，进而算出此时的 σ_{1max} 来。把不同的 R_t 所对应的 σ_{1max} 值连成曲线(4-8)，即为整个拉深过程中凹模入口处径向拉应力 σ_{1max}

的变化情况,如图 4-7(a)所示。当开始拉深时 $R_t = R_0$ 则:

$$\sigma_{1max} = 1.1 \bar{\sigma}_m \ln \frac{R_0}{r} = 1.1 \bar{\sigma}_m \ln \frac{R_0 R_t}{r R_0} = 1.1 \bar{\sigma}_m (\ln \frac{R_t}{R_0} - \ln m) \qquad (4-5)$$

随着拉深的进行 σ_{1max} 逐渐增大,大约拉深进行到 $R_t = (0.7 \sim 0.9)R_0$ 时,便出现最大值 σ_{1max}^{max},以后随着拉深的进行,σ_{1max} 又逐渐减少,直到拉深结束 $R_t = r$ 时,σ_{1max} 减少为零。

σ_{1max} 的变化与两个因素有关,$\bar{\sigma}_m$ 和 $\ln \frac{R_t}{r}$,这是两个相反的因素。随拉深过程的进行,变形抗力逐渐增大,硬化程度逐渐加大,$\bar{\sigma}_m$ 增长很快,起主导作用,达到最大值 σ_{1max}^{max} 后硬化稳定。而 $\ln \frac{R_t}{r}$ 表示材料变形区大小,随拉深过程进行而逐渐减少,直至变形区减少至至 $R_t = r$,$\sigma_{1max} = 0$,拉深结束为止。由式(4-5)可知,σ_{1max}^{max} 的具体数值取决于板料的力学性能和拉深系数 m。给出一种材料力学参数和拉深系数就可算出相应的 σ_{1max}^{max}。

(2)σ_{3max} 的变化规律

由 $\sigma_{3max} = 1.1 \bar{\sigma}_m$ 可知,σ_{3max} 只与材料有关,随着拉深进行,变形程度增加,硬化加大,变形抗力 $\bar{\sigma}_m$ 随之增加,σ_{3max} 始终上升,直到拉深结束时 σ_{3max} 达到最大值 σ_{3max}^{max},其变化规律与材料真实应力曲线相似。拉深开始 σ_{3max} 增加比较快,以后趋于平缓,σ_{3max} 增加会使毛坯发生起皱的趋势。

(3)拉深中起皱的规律

前面分析,凸缘部分是拉深过程中主要变形区,而凸缘变形区的主要变形是切向压缩。拉深中是否起皱与切向压缩(压应力 σ_3)大小和凸缘的相对厚度 $t/R_t - r$(或 $t/D_t - d)$)有关。材料受到的切向压缩越大,起皱越严重,而材料的相对厚度越大,就越不容易起皱。拉深时凸缘外边缘 σ_3

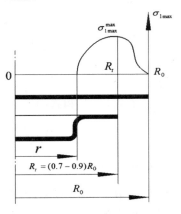

图 4-8 拉深过程中 σ_{1max} 的变化

最大,因此凸缘外边缘是首先发生起皱的地方。由于凸缘外边缘的切向压应力 σ_{3max} 在拉深中是逐级增加的,更增加了起皱失稳的可能性;但随着拉深的进行,凸缘变形区不断缩小而相对厚度逐渐增大,抑制了材料失稳起皱的可能性,这两个作用相反的因素在拉深中相互消长,使得起皱必在拉深过程中的某一阶段发生。实验证明,失稳起皱的规律与 σ_{1max} 的变化规律类似,凸缘最容易失稳起皱的时刻基本上也就是 σ_{1max}^{max} 出现的时刻,即 $R_t = (0.7 \sim 0.9)R_0$ 时。

(二)筒壁传力区的受力分析与拉深件破裂

1. 筒壁应力分析

拉深进行时,凸模产生的拉深力 F 通过筒壁传至凸缘内边缘(凹模入口处)将变形区材料拉入凹模(见图 4-9)。筒壁所受的拉应力由以下几部分组成:

(1)克服毛坯与压边圈、毛坯与凹模之间摩擦引起的拉应力 σ_m

$$\sigma_m = \frac{2\mu F_y}{\pi dt} \qquad (4-6)$$

式中 μ——材料与模具间的摩擦因数;

       F_y——压边力(N);

       d——凹模内径(mm);

       t——材料厚度(mm)。

（2）克服材料流过凹模圆角时产生弯曲变形所引起的的拉应力 σ_w 可根据弯曲时内力和外力所做功相等的条件按下式计算：

$$\sigma_w = \frac{t\sigma_b}{2r_d+t} \tag{4-7}$$

式中　　r_d——凹模圆角半径（mm）；

　　　　σ_b——材料的强度极限（MPa）。

（3）克服凸缘变形区的变形抗力 σ_{1max}

（4）克服材料流过凹模圆角的摩擦阻力：由摩擦引起的阻力为

$$(\sigma_{1max}+\sigma_m)e^{\mu\alpha} \tag{4-8}$$

式中　　α——凸缘材料绕过凹模圆角时包角；

　　　　μ——摩擦因素。

因此，筒壁所受的拉应力总和为：

$$\sigma_p = (\sigma_{1max}+\sigma_m)e^{\mu\alpha}+\sigma_w \tag{4-9}$$

在拉深的某一阶段，凸缘的径向拉应力达到了最大值 σ_{1max}^{max}，而包角 α 也趋于 $90°$，这时 $\sigma_p \to \sigma_{pmax}$。由于 $e^{\mu\alpha}=1+\mu\frac{\pi}{2}=1+1.6\mu$，所以

$$\sigma_{pmax} = (\sigma_{1max}^{max}+\sigma_m)(1+1.6\mu)+\sigma_w \tag{4-10}$$

考虑式（4-6）和式（4-7）所表示的 σ_{1max}^{max}、σ_w、σ_m 的值，则

$$\sigma_{pmax} = \left[(\frac{a}{m}-b)\sigma_b+\frac{2\mu F_y}{\pi dt}\right](1+1.6\mu)+\frac{t\sigma_b}{2r_d+t} \tag{4-11}$$

式中的 $\sigma_{1max}^{max} \approx (\frac{a}{m}-b)\sigma_b$，$a$、$b$ 是与材料的力学性能参数 ψ 和 σ_b 有关，可查有关手册。式（4-11）把影响拉深力的因素，如拉深变形程度，材料性能、零件尺寸、凹模圆角半径、压边力、润滑条件等都反映出来了，有利于研究改善拉深工艺。

拉深力可由下式求出：

$$F = \pi dt\sigma_p \sin\alpha \tag{4-12}$$

式中　　α——σ_p 与水平线的交角（见图4-9）。

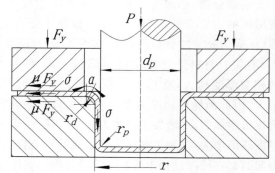

图4-9　筒壁传力区的受力分析

由式（6-9）知，σ_p 在拉深中是随 σ_{1max} 和 α 包角的变化而变化的。根据前面分析，拉深中材料凸缘的外缘半径 $R_t = (0.7 \sim 0.9)R_0$ 时，σ_{1max} 达最大值 σ_{1max}^{max}，此时包角 α 接近 $90°$ 拉深过程中的最大拉深力则为：

$$F = \pi dt\sigma_{pmax} \tag{4-13}$$

拉深中如果 σ_{pmax} 值超过了危险断面的强度 σ_b，则产生断裂。

三、圆筒形件的拉深系数和拉深系数的确定

由于拉深件的高度与其直径的比值不同，有的零件可以用一道拉深工序制成，而有些高度大的零件，则需要进行多次拉深才能制成。在进行冲压工艺设计和确定必要的拉深工序

数目及模具设计时,一般都利用拉深系数作为计算的依据。

(一)拉深系数的概念和意义

拉深后工件的直径 d 与拉深前毛坯(半成品)的直径 D_0 之比称为拉深系数 m,并用下式表示

$$m=\frac{d}{D_0} \tag{4-14}$$

拉深系数表示了拉深后毛坯直径的变化量,即拉深反映了毛坯外边缘在拉深时的切向压缩变形的大小。拉深系数的倒数称为拉深程度或拉深比,其值为:

$$K=\frac{1}{m}=\frac{D_0}{d} \tag{4-15}$$

对于第二次,第三次等的以后各次拉深,拉深系数可用下面类似的方法表示:

$$m_n=\frac{d_n}{d_{n-1}}$$

式中 m_n——第 n 道拉深工序的拉深系数;

d_n——第 n 道拉深工序后所得到的圆筒形零件的直径;

d_{n-1}——第 $n-1$ 道拉深工序所用圆筒形毛坯的直径。

说明:一般较厚的板料,各次拉深直径取板料的厚度中间值。

用直径为 D_0 的毛坯拉成直径为 d_n、高度为 h_n 工件的工艺顺序(图 4-10)。第一次拉成 d_1 和 h_1,第二次半成品为 d_2 和 h_2,最后一次即得工件的尺寸 d_n 和 h_n。其各次的拉深系数为:

$$m_1=\frac{d}{D_0}$$

$$m_2=\frac{d_2}{d_1}$$

$$\cdots \tag{4-16}$$

$$m_{n-1}=\frac{d_{n-1}}{d_{n-2}}$$

$$m_n=\frac{d_n}{d_{n-1}}$$

工件的直径 d_n 与毛坯直径 D_0 之比叫总拉深系数,即工件所需要的拉深系数。

$$m_{总}=\frac{d_n}{D_0}=\frac{d_1}{D_0}\cdot\frac{d_2}{d_1}\cdot\cdots\cdot\frac{d_{n-1}}{d_{n-2}}\cdot\frac{d_n}{d_{n-1}}=m_1\cdot m_2\cdot\cdots\cdot m_{n-1}\cdot m_n \tag{4-17}$$

可知,拉深系数是一个小于 1 的数值,它表示了拉深过程中的变形程度。拉深系数 m 大,表示拉深前后毛坯直径变化不大,即变形程度小。拉深系数小,则毛坯直径变化大,即变形程度大。

式(4-17)所表示的总拉深系数 $m_{总}=\frac{d_n}{D_0}$ 中的 d_n 实际上就是零件所要求的直径。所以 $m_{总}$ 也可以说是零件所要求的拉深系数。当 $m_{总}>m_1$ 时,则零件只需一次就可拉出,否则就要多次拉深。用压边圈时,首次拉深时 m_1 约为 $0.5\sim0.6$ 左右;以后各次拉深时,m_n 的平均值约为 $0.7\sim0.8$ 左右。它均大于首次拉深时的 m_1。

实际生产中采用的拉深系数值合不合理更关系拉深工艺的成败。假如采用的拉深系数

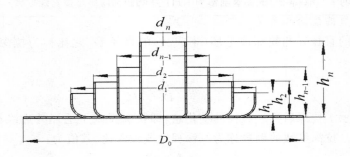

图 4-10 拉深工艺顺序示意图

过大,则拉深变形程度小,材料塑性潜力未被充分利用,每次毛坯只能缩小很少一点,拉深次数就要增加,冲模套数增多,成本增加,故很不经济。

但是,如拉深系数取得过小,则拉深变形程度过大,工件局部严重变薄甚至材料被拉破,得不到合乎要求的工件。因此,拉深时采用的拉深系数既不能太大,也不能太小,要使材料塑性被充分利用的同时又不致拉破。生产上为了减少拉深次数,一般希望采用小的拉深系数,根据上面的分析,拉深系数的减少有一个限度,这个限度称之为极限拉深系数 m_{min}。极限拉深系数就是使拉深件不破裂的最小拉深系数。一般情况下,设计冲压工艺或模具时,采用的首次拉深系数 m_1 等于或略大于极限拉深系数 m_{min}。生产上采用的极限拉深系数是在一定条件下用试验方法求出的。无凸缘圆筒形工件拉深使用压边圈时的拉深系数可查表 4-1。无凸缘圆筒形工件不用压边圈时的拉深系数查表 4-2。表中的 m_1、m_2、m_3、m_4 及 m_6 分别是第一道、……第六道拉深工序的极限拉深系数。需要说明的是,表中的数值适合于一般的情况,对于毛坯厚度 $\frac{t}{D_0}$ 相对较大,此时毛坯不易起皱,而允许采用不带压边圈的锥形凹模时,极限拉深系数 m_1 数值可取了更小。

表 4-1 无凸缘圆筒形工件拉深系数(用压边圈)

拉深系数	材料相对厚度 $\frac{t}{D_0} \times 100$				
	2~1.5	1.5~1.0	1.0~0.5	0.5~0.2	0.2~0.06
m_1	0.46~0.50	0.50~0.53	0.53~0.56	0.56~0.58	0.58~0.60
m_2	0.70~0.72	0.72~0.74	0.74~0.76	0.76~0.78	0.78~0.80
m_3	0.72~0.74	0.74~0.76	0.76~0.78	0.78~0.80	0.80~0.82
m_4	0.74~0.76	0.76~0.78	0.78~0.80	0.80~0.82	0.82~0.84
m_5	0.76~0.78	0.78~0.80	0.80~0.82	0.82~0.84	0.84~0.86

注:①表中拉深系数适应于 08、10 和 15Mn 等低碳钢及软化 H62 黄铜。对拉深性能较差的材料如 20、25 号钢、硬铝等应将表中值增大 1.5%~2.0%;而对塑性更好的材料如 05 钢及 08、10 深冲钢和软铝等,可将表中值减少 1.5%~2.0%。

②表中值适应于未经中间退火的拉深、若采用中间退火时,可将表中值减少 2%~3%。

③表中较小值适应于大的凹模圆角半径 $[r_d = (8～15)t]$;较大值适应于小的凹模圆角半径 $[r_d = (4～8)t]$。

表 4-2　无凸缘圆筒件不用压边圈时的极限拉深系数

拉深系数	材料相对厚度 $\frac{t}{D_0} \times 100$				
	1.5	2.0	2.5	3.0	>3.0
m_1	0.65	0.60	0.55	0.53	0.50
m_2	0.80	0.75	0.75	0.75	0.70
m_3	0.84	0.80	0.80	0.80	0.75
m_4	0.87	0.84	0.84	0.84	0.78
m_5	0.90	0.87	0.87	0.87	0.82
m_6	——	0.90	0.90	0.90	0.85

注:此表适用于 08、10、15Mn 等材料,其余同表 7-1 之所注。

(二)拉深次数的确定

假设首次拉深系数 m_1 除外,其余拉深系数 $m_2 = m_3 = m_4 \cdots\cdots = m_n$,需要多次拉深时,拉深次数可按以下方法确定,

1. 计算法

如果用直径为 D_0 的毛坯拉成直径为 d_n 的工件,则:

$$d_1 = m_1 D_0$$
$$d_2 = m_n d_1 = m_n (m_1 D_0)$$
$$d_3 = m_n d_2 = m_n (m_n d_1) = m_n^2 (m_1 D_0)$$
$$\cdots$$
$$d_n = m_n d_{n-1} = m_n^{n-1} (m_1 D_0)$$

由此可取对数方程式:

$$\lg d_n = (n-1)\lg m_n + \lg(m_1 D_0)$$
$$n = 1 + \frac{\lg d_n - \lg(m_1 D_0)}{\lg m_n}) \tag{4-18}$$

计算所得的拉深次数 n 要进位成整数值。

2. 推算法

圆筒形件的拉深次数也可根据 $\frac{t}{D_0}$ 查出 $m_1, m_2, m_3, m_4, \cdots, m_n$,然后从第一次拉深 d_1 向 d_n 推算。如:

$$d_1 = m_1 D_0$$
$$d_2 = m_2 d_1$$
$$\cdots$$
$$d_n = m_n d_{n-1}$$

一直算到所得到的 d_n 不大于工件的 d 为止,此时所求得 n 就是所求的次数。

(三)拉深系数和影响拉深系数的因素

在不同的条件下极限拉深系数是不同的,总的来说能使筒壁传力区的最大拉应力减小,使危险断面强度增加的因素,都有利于减小拉深系数。

1. 材料方面

(1)材料的力学性能

材料的屈强比$\dfrac{\sigma_s}{\sigma_b}$越小,材料的延伸率$\delta$越大,对拉深越有利。因$\sigma_s$小材料容易变形,凸缘区变形区抗力小;筒壁传力区的拉应力也相应减小,而σ_b大则危险断面处强度高,不易破裂,因而$\dfrac{\sigma_s}{\sigma_b}$小的材料拉深系数可取小些。材料塑性差即延伸率$\delta$值小时,塑性变形能力差,则拉深系数要取大些。材料的厚向异性系数r和硬化指数n大时拉深性能好,可以采用较小的拉深系数。因r大时,板平面方向比厚度方向变形容易,拉深时变形力小,不易起皱,传力区不易拉破。n大则抗局部颈缩换稳能力强,变形均匀,板料总体成形极限提高。一般认为,$\dfrac{\sigma_s}{\sigma_b}\leqslant 0.65$,$\delta\geqslant 0.28$的材料具有较好的拉深性能

(2)材料的相对厚度$\dfrac{t}{D_0}$

相对厚度$\dfrac{t}{D_0}$大,凸缘抵抗失稳起皱的能力提高,因而可减少压边力,甚至不要,这就减少了施加压力后引起的摩擦阻力,从而使变形抗力减少,故极限拉深系数可减小。

(3)材料的光洁度

光洁度好的材料,拉深中摩擦力小,变形容易,所以极限拉深系数可小些。

2. 拉深条件

(1)模具的结构参数

主要是指凸模圆角半径r_p、凹模圆角半径r_d与凸凹模间隙Z,总的来说,过小的r_p、r_d、与Z会使拉深过程中的摩擦阻力与弯曲阻力增加,危险断面的变薄加剧,过大的r_p、r_d、与Z则会减小有效的压边面积,使板料的悬空面积增加,易使板料失稳起皱,所以要采用合适的r_p、r_d、与Z。

(2)压边条件

压边力是为了防止毛坯起皱,保证拉深过程顺利进行而施加的,它的大小对拉深工作影响很大。压边力的数值应适当,可减小拉深系数。太小时,坯料起皱,材料不能进入冲模间隙而使拉深力加大,工件在危险断面处断裂。太大时,则增加了摩擦力,拉深力增加,轻则造成工件危险断面处严重变薄,重则断裂。只有压边力合适时拉深力才不过大,拉深件质量也好。在生产中,压边力F_y都有一个调节范围,在一定的变形程度(即一定的m值)下,压边力调节范围宽则生产就稳定,否则,F_y稍大就拉破,稍小一点又会起皱,使生产不能正常进行。合理的压边力应在最大压边力F_{ymax}和最小压边力F_{ymin}之间。当拉深系数小至接近极限拉深系数时,这个变动范围就小,压边力变动对拉深工作的影响就显著,稍加变动就会起皱或拉破。

压边力计算可用下式:

任何情况拉深件

$$F_y = Aq \tag{4-19}$$

筒形件第一次拉深

$$F_y = \frac{\pi}{4}\left[D_0^2 - (d_1 + 2r_d)^2\right]q \tag{4-20}$$

筒形件以后各次拉深

$$F_{yn}=\frac{\pi}{4}\left[d_{n-1}^2-(d_n+2r_d)^2\right]q \tag{4-21}$$

式中 F_y——压边力(N);

D_0——毛坯直径(mm);

d_n——拉深件直径(mm);

d_1,d_{n-1}——过渡毛坯直径(mm);

r_d——凹模圆角半径(mm);

A——板坯与凹模接触面积(mm^2)

F_{yn}——筒形件以后各次拉深压边力(N);

q——单位压边力(N/mm^2)。

单位压边力(q)与板料的拉深性能、拉深系数、板料的相对厚度及润滑等有关。如果板料板料的相对厚度或拉深系数小时,就要取了较大的 q 值。q 值参考表 4-3。

表 4-3   单位压边力 q

材料名称		单位压边力 q/MPa	材料名称	单位压边力 q/MPa
铝		0.8~1.2	镀锡钢板	2.5~3.0
紫铜硬铝(已退火)		1.2~1.8	高合金钢	
不锈钢		3.0~4.5		
黄铜		1.5~2.0		
软钢	$t<0.5\text{mm}$	2.5~3.0	高温合金	2.8~3.5
	$t>0.5\text{mm}$	2.0~2.5		

(3)润滑情况

凹模(特别是在凹模圆角入口处)与压边圈的工作表面应十分光滑并采用润滑剂,可减小拉深过程中的摩擦阻力,抑制危险断面减薄并发生破裂的趋势,可减小拉深系数。对于凸模工作表面则不必做得很光滑也不需要采用润滑剂,拉深时凸模工作表面与板料之间有较大的摩擦力,不会产生相互移动,有利于阻止危险断面减薄,因而有利于减小拉深系数。为了减小摩擦阻力,可采用在凹模与板料的接触面加工出 $\phi 3\text{mm} \sim \phi 10\text{mm}$ 的小盲孔(图 4-11),孔的大小视模具大小而定,孔口最好能够光滑倒角,拉深时,在孔中加注润滑油,如此在拉深时可获得不错的效果。

图 4-11   凹模与板料的接触面上加工出小盲孔

四、拉深变形中的缺陷

由于拉深过程中毛坯各部分的应力应变状态不同,而且随着拉深过程的进行还在变化,使得拉深变形产生一些特有的现象或缺陷。

1. 起皱

拉深时凸缘变形区内的材料要受 σ_3 压应力作用。在 σ_3 作用下的凸缘部分,尤其是凸缘外边部分的材料可能会失稳而沿切向形成高低不平的皱折(拱起),这种现象叫起皱。在拉深薄的材料时更容易发生,如图 4-12 所示。起皱现象对拉深的进行是很不利的。毛坯起皱后很难通过凸、凹模间隙拉入凹模,容易使毛坯受过大的拉力而断裂报废,为了不致拉破,必须降低拉深变形程度,这样就要增加工序道数。当模具间隙大,或者起皱不严重时,材料能勉强被拉进凹模内形成筒壁,但皱纹会在工件的侧壁上保留下来,影响零件的表面质量。同时,起皱后材料和模具间摩擦加剧,磨损增加,模具的寿命大为降低。

(a) 严重起皱   (b) 轻微起皱

图 4-12　拉深中的起皱

拉深时会不会起皱,决定于下列主要因素:

(1)毛坯的相对厚度 $\dfrac{t}{D_0}$

相对厚度 $\dfrac{t}{D_0}$ 大的凸缘抵抗失稳起皱的能力高,不易起皱。相对厚度小,材料抗纵向弯曲能力小,就容易起皱。

(2)拉深系数 m

拉深系数越小,变形程度越大,即需要转移的剩余材料多,切向压应力 σ_3 越大,另一方面,拉深系数越小,拉深区的宽度越大,抗失稳起皱的能力小。拉深系数较大时,拉深区的宽度越小,需要转移的剩余材料少,切向压应力 σ_3 相应比较小,抗失稳起皱的能力强,不易起皱。

(3)凹模工作部分几何形状

与普通的平端面凹模相比,锥形凹模允许作用相对厚度较小的毛坯而不致起皱(图 4-13)。

生产中可用下述公式概略估算是否会起皱。

平端面凹模拉深时,毛坯不起皱的条件是:

首次拉深:

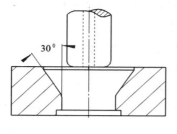

(a) 锥形凹模拉深前

(b) 锥形凹模拉深前效果图

(c) 锥形凹模拉深后

(d) 锥形凹模拉深后效果图

图 4-13　锥形凹模

$$\frac{t}{D_0} \geqslant (0.09 - 0.17)(1 - m) \tag{4-22}$$

以后各次拉深：

$$\frac{t}{d} \geqslant (0.09 - 0.17)(K - 1)$$

用锥形凹模拉深时，材料不起皱的条件是：

首次拉深：
$$\frac{t}{D_0} \geqslant 0.03(1 - m)$$

以后各次拉深：
$$\frac{t}{d} \geqslant 0.03(K - 1)$$

式中　D_0——毛坯直径；

　　　d——工件直径；

　　　t——板料的厚度；

　　　$m = \dfrac{d}{D_0}$——拉深系数；

　　　$K = \dfrac{1}{m} = \dfrac{D_0}{d}$——拉深比。

如果不能满足上述公式的要求，就要起皱，在这种情况下，必须采取措施防止起皱发生。最简单的方法是采用压边圈。加压边圈后，材料被强迫在压边圈和凹模平面间的间隙中流动，稳定性得到增加，起皱也就不容易发生了。

2. 拉裂

板料拉深成圆筒形件后，其厚度沿底部向口部是不同的，如图 4-14 所示，在圆筒件侧壁的上部厚度增加最多，约为 30%，而在筒壁与底部转角稍上的地方板料厚度最小，厚度减少了将近10%,所以这里是拉深时最容易被拉断的地方,通常称此断面为"危险断面"。

拉深零件直壁上变化为什么会不均匀呢?这是由于σ_1从凸缘最外边向凹模口的变化是由小变大,而σ_3从凸缘最外边向凹模口的变化是由大变小的,凸缘上的厚度从最外边到凹模口的变化是由大变小的,从$R=0.61R_t$至凸缘外边,板厚将增大,有$\varepsilon_2>0,t'>t_0$,(t_0,t'分别为拉深前和拉深后板料),从$R=0.61R_t$至凹模口,板厚将减小,有$\varepsilon_2<0,t'<t_0$,而$R=0.61R_t$处,板厚不变,有$\varepsilon_2=0,t'=t_0$。凸缘变形区需要转移的剩余三角形材料从凸缘从最外边到凹模口的变化也是从多变少的,虽然多余材料除一部分流到工件高度上增加高度外,有一部分转移到材料厚度方向,但拉深时凸模先接触的是较薄的材料,并将这部分拉进凹模内,后续较厚的材料被拉进凹模内变成直壁就要比原先拉进凹模内的材料要厚。而且筒壁厚度越往口部越厚。所以危险断面就发生在最早拉进凹模内变成直壁与底部转角稍上的地方。当拉深中如果σ_{pmax}值超过了危险断面的强度σ_b,则产生破裂。如图4-15所示。或者即使未拉破,由于该处变薄过于严重,也可能使产品报废。

3. 硬化

作为塑性变形过程,拉深后材料会发生加工硬化,既材料的硬度和强度增加,塑性降低。由于拉深时塑性变形不均匀,从底部到筒壁口部塑性变形由小逐渐增加到最大,所以拉深后材料的性能也是不均匀的,拉深件硬度分布由工件底部向口部是逐渐增加的(图4-14)。而对拉深是否有利,又要求板料薄的地方硬化比板料厚的地方硬化大,即反过来,希望底部硬化大,口部硬化小,这样才不至于因底部材料过薄而影响工件的强度和刚度。

加工硬化使拉深后工件的强度和刚度比毛坯材料要高,然而塑性降低又影响材料继续变形。因此,制定拉深工艺时,对于一些硬化能力强的金属如不锈钢和耐热钢等尤应注意。

如果要进行多道次拉深,合理地选择各次的拉深系数或变形量就变得十分重要,必要时可考虑材料或半成品件退火以恢复其塑性。

综上所述,拉深主要质量缺陷是破裂和起皱。相对来说,起皱不是主要问题,采用压边圈或调整压边力一般就可解决起皱的问题,或将起皱控制在工件质量标准的允许范围之内。主要的难题是破裂。

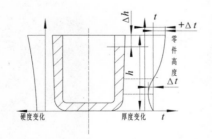

图4-14 拉深沿高度方向厚度和硬度变化

图4-15 拉深件破裂

五、圆筒形件的拉深工艺计算

(一)旋转体拉深件毛坯尺寸的计算

拉深件毛坯尺寸的确定是否正确,不仅影响材料的合理使用,而且影响拉深变形过程及发生起皱和破裂的可能性。

1. 确定毛坯形状的依据

毛坯的形状应符合金属在塑性变形时的流动规律。其形状一般与拉深件周边形状相似并且周边应该光滑而无急剧的转折。比如旋转体拉深件的毛坯形状无疑是一块圆板。虽然在拉深过程中毛坯厚度会发生变化,但具体在工艺计算时可不计毛坯厚度的变化。概略地按拉深前后等重量、等体积及等面积的原则进行毛坯计算。在生产上用得最多的是等面积法。

2. 简单形状的旋转体拉深件毛坯尺寸计算

旋转体圆筒形件的毛坯是圆的,其直径按面积相等的原则计算,在计算时,先将圆筒形分成若干个便于计算的组成部分,分别求出各部分面积并相加,得到拉深零件总面积 $\sum A$。总面积 $\sum A$ 应等于毛坯直径,即:

$$\sum A = \frac{\pi}{4} D_0^2 \tag{4-23}$$

所以有 $D_0 = \sqrt{\frac{4}{\pi} \sum A}$ (4-24)

如图 4-16 所示的圆筒形件,先将其划分便于计算的三部分,每部分面积分别为:

$$A_1 = \pi d(H - r)$$

$$A_2 = \frac{\pi}{4} \left[2\pi r(d - 2r) + 8r^2 \right]$$

$$A_3 = \frac{\pi}{4}(d - 2r)^2$$

将这三部分面积相加求和得 $\sum A = A_1 + A_2 + A_3 = \pi d(H - r) + \frac{\pi}{4} \left[2\pi r(d - 2r) + 8r^2 \right] + \frac{\pi}{4}(d - 2r)^2$,代入式(4-24)得到毛坯直径为:

$$D_0 = \sqrt{\frac{4}{\pi} \left\{ \pi d(H - r) + \frac{\pi}{4} \left[2\pi r(d - 2r) + 8r^2 \right] + \frac{\pi}{4}(d - 2r)^2 \right\}}$$

并经整理后得

$$D_0 = \sqrt{(d - 2r)^2 + 2\pi r(d - 2r) + 8r^2 + 4d(H - r)} \tag{4-25}$$

以上计算毛坯直径 D_0 是假设板料厚度小于 1mm。如果材料厚度大于 1mm,如以外径和外高或内部尺寸来计算,则毛坯尺寸的误差大。故对于料厚大于 1mm 的工件,应以零件厚度的中线为准来计算,即零件尺寸从料厚中间算起。由于拉深时材料厚度不均匀,机械性能有方向性,模具的间隙不均匀以及毛坯定位不准确等原因,拉深后工件的口部是不齐平的。为使工件整齐,应切去不平的部分。因而计算毛坯时应在工件高度方向上加一修边量 Δh。修边量 Δh 可根据零件的高度查表 4-4。当零件的相对高度 $\frac{H}{d}$ 很小时,可不用修边工序,因此计算毛坯尺寸可不加修边量 Δh。

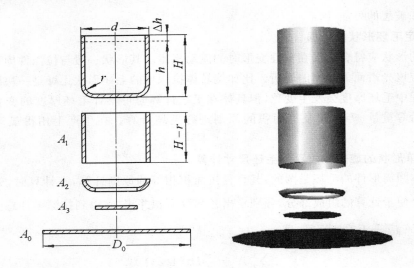

图 4-16　直壁圆筒形件的毛坯计算分解图

表 4-4　圆筒形工件修边余量 Δh　　　　　　　　　　　(mm)

工件高度	工件相对高度 $h./d$			
h/mm	0.5～0.8	0.8～1.6	1.6～2.5	2.5～4
10	1.0	1.2	1.5	2
20	1.2	1.6	2	2.5
50	2	2.5	3.3	4
100	3	3.8	5	6
150	4	5	6.5	8
200	5	6.3	8	10
250	6	7.5	9	11
300	7	8.5	10	12

（二）复杂形状的旋转体拉深件毛坯尺寸计算

复杂形状的旋转体拉深件毛坯直径的计算可采用久里金法则。既任何形状的母线（L）绕轴线（Y-Y）旋转一周所得到的旋转体面积（A），等于该母线的长度（L）与其形心绕该轴线旋转所得周长（$2\pi R_x$，R_x 是该段母线的形心到轴线 Y-Y 的距离）的乘积（$A=2\pi R_x L$），如图所示 6-17 所示，设毛坯面积为 A_0，根据拉深前后面积相等，

$$A_0 = \frac{\pi D_0^2}{4} = A = 2\pi R_x L, \text{故毛坯直径} D_0 = \sqrt{8R_x L} \qquad (4-26)$$

图 4-18 所示的零件计过程如下：

（1）将母线按直线与圆弧分段 $1,2,3,\cdots,n$；

（2）计算各线段长度 $l_1,l_2,l_3,\cdots,l_n$；

（3）计算各段的形心至轴线的距离 $R_{x1},R_{x2},R_{x3},\cdots,R_{xn}$，直线段的形心在其中间的点上，各圆弧的长度到其形心的距离的计算可参考冲压手册。

（4）计算各线段与其旋转半径的乘积和为：

$$\sum_{i=1}^{n} l_i R_{xi} = l_1 R_{x1} + l_1 R_{x2} + \cdots + l_n R_{xn}$$

则旋转体表面积为

$$A = 2\pi \sum_{i=1}^{n} l_i R_{xi} = 2\pi(l_1 R_{x1} + l_1 R_{x2} + \cdots + l_n R_{xn})$$

那么,所求毛坯直径为

$$D_0 = \sqrt{8(l_1 R_{x1} + l_1 R_{x2} + \cdots + l_n R_{xn})} \tag{4-27}$$

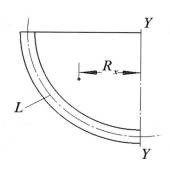

图 4-17 旋转体面积计算图示

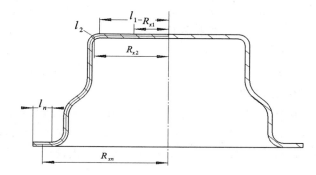

图 4-18 复杂形状的旋转体拉深件

对于母线是曲线连接的旋转体拉深件(图 4-19),其毛坯直径的计算可将拉深件的母线分成 1、2、3、……n,把各线段近似地当作直线看待,从图上量出各线段 l_1、l_2、l_3、……l_n,然后按(4-27)计算毛坯直径 D_0。为了计算方便,把各线段 l_1、l_2、l_3、……l_n 设置成相等,则:
$D_0 = \sqrt{8l(R_{x1} + R_{x2} + \cdots + R_{xn})}$。采用这种方法计算的毛坯直径 D_0 取决于作图正确与否,为了提高毛坯直径 D_0 的正确性,必要时,可将拉深件母线按比例放大。

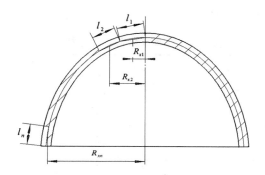

图 4-19 母线是曲线连接的旋转体拉深件

六、拉深力和拉深功的计算

1. 拉深力的计算

从理论上计算拉深力前面已推导出公式(6-12)或(6-13),它使用不便,生产中常用经验公式计算拉深力。对于圆筒形工件采用压边拉深时可用下式计算:

圆筒形第一次拉深力

$$F_1 = \pi d_1 t \sigma_b k_1 \tag{4-28}$$

圆筒形第二次以后各次拉深力

$$F_n = \pi d_n t \sigma_b k_2 \tag{4-29}$$

矩形、方形及椭圆形拉深力

$$F = kLt\sigma_b \tag{4-30}$$

式中　t——料厚（mm）；

　　　L——可取凹模洞口周长（mm）；

　　　d_1, d_n——第一次及 n 次拉深半成品的直径（mm）；

　　　σ_b——材料抗拉强度（MPa）；

　　　k_1, k_2——系数，查表 4-5；

　　　k——系数，可取 0.5～0.8。

2. 拉深功

拉深过程中拉深力是不断变化的，而且拉深工序的工作行程一般比较长，由于式（4-28）、（4-29）及（4-30）计算出的是最大拉深力，因而拉深功可能很大，因而计算拉深功时不能用最大拉深力，而应按平均拉深力才比较符合实际情况。

第一次拉深

$$A_1 = \frac{\lambda_1 F_{1\max} h_1}{1000} \tag{4-31}$$

以后各次拉深

$$A_n = \frac{\lambda_2 F_{n\max} h_n}{1000} \tag{4-32}$$

式中　$F_{1\max}, F_{n\max}$——第一次和以后各次拉深的最大拉深力（N）；

　　　λ_1, λ_2——修正系数，指平均变形力与最大变形力的比值，见表 4-5；

　　　h_1, h_n——第一次和以后各次的拉深高度（mm）。

表 4-5　修正系数 k_1、λ_1、k_2 和 λ_2

拉深系数 m_1	0.55	0.57	0.60	0.62	0.65	0.67	0.70	0.72	0.75	0.77	0.80	—	—	—
系数 k_1	1.00	0.93	0.86	0.79	0.72	0.66	0.60	0.55	0.50	0.45	0.40	—	—	—
修正系数 λ_1	0.80		0.77		0.74		0.70		0.67		0.64	—	—	—
拉深系数 m_2	—	—	—	—	—	—	0.70	0.72	0.75	0.77	0.80	0.80	0.85	0.95
系数 k_2	—	—	—	—	—	—	1.00	0.95	0.90	0.85	0.80	0.80	0.60	0.50
修正系数 λ_2	—	—	—	—	—	—	0.80		0.80	—	0.75	—	0.70	—

拉深所需压力机的电机功率为：

$$N = \frac{A\xi n}{60 \times 70 \times \eta_1 \eta_2 \times 1.36 \times 10}(\text{kW}) \tag{4-33}$$

式中　A——拉深功（N·mm）；

　　　ξ——不均衡系数，取 $\xi = 1.2 \sim 1.4$；

　　　η_1——压力机效率，取 $\eta_1 = 0.6 \sim 0.8$；

　　　η_2——电机效率，取 $\eta_2 = 0.9 \sim 0.95$；

　　　n——压力机每分钟行程次数；

　　　1.36——由马力转换成千瓦的转换系数。

若所选压力机的电机功率小于计算值，则应另选功率较大的压力机。

七、拉深模工作部分尺寸的确定

拉深模工作部分的尺寸指的是凹模圆角半径 r_d,凸模圆角半径 r_p,凸、凹模之间的间隙 Z、凸模直径 d_p,凹模直径 D_d 等,见图 4-20。它对拉深过程是否顺利,拉深件的质量是否合乎要求有重要影响。

1. 凹模圆角半径 r_d

一般来说,r_d 要尽可能大些,大的 r_d 可以降低极限拉深系数。但 r_d 过大时,拉深初期会削弱压边圈的作用,靠近凹模洞口这部分材料不受压边力作用,而在拉深后期毛坯外边缘过早脱离压边作用而起皱,在侧壁下部和口部都形成皱折,使拉深件质量下降。

r_d 过小时,材料流经凹模洞口的弯曲变形阻力,摩擦力,r_d 处对材料的厚向压力增加,导致拉深力增加使材料变薄严重,出现危险断面处拉裂。

筒形件首次拉深的凹模圆角半径 r_d 可按下式确定。

$$r_d = 0.8 \sqrt{(D_0 - d_1)t} \tag{4-34}$$

式中　D_0——毛坯直径或上道工序拉深件直径;

　　　d_1——本道工序拉深后的直径;

　　　t——材料厚度。

以后各次拉深时,r_d 可逐步减小,一般可取 $r_{dn} = (0.6 \sim 0.8)r_{dn-1}$ 确定,但要 $r_d \geqslant 2t$。

式中　r_{dn-1}——前次拉深的凹模圆角半径;

　　　r_{dn}——本次拉深的凹模圆角半径。

2. 凸模圆角半径 r_p

r_p 对拉深工序的影响不像 r_d 那样显著。过小 r_p 会使材料在此处的弯曲变形增大并降低筒壁传力区拉深件的危险断面抗拉强度,同时凸模圆角对材料的厚向压力增大,使其厚度变薄严重。多工序拉深时,后继工序的压边圈圆角半径等于前道工序的凸模圆角半径,所以,当 r_p 过小时,在以后的拉深工序中毛坯沿压边圈滑动的阻力会增大,这对拉深过程是不利的。但过大的 r_p 会使在拉深初期不与模具表面接触,处于压边圈作用之外的毛坯宽度增加,因而这部分材料容易起皱(内皱)。

一般,首次拉深凸模圆角关系为:

$$r_p = (0.7 \sim 1.0)r_d \tag{4-35}$$

以后各次的 r_p 除最后一次和零件底部圆角半径相同外,中间各次可取和 r_p 相等或略小一些,并且各次拉深的 r_p 应逐次减小。

3. 凸模和凹模的间隙 Z

拉深模的间隙是指凹模与凸模直径之差的一半,即 $Z = \dfrac{D_d - d_p}{2}$。间隙过小,摩擦阻力增加,从而引起拉深力增加,零件容易变薄甚至拉裂,也容易擦伤模具表面,但小间隙的模具拉深后得到的零件侧壁平直而光滑,质量较好,精度较高。间隙过大,对毛坯的校直和挤压作用变小,虽然拉深力降低,模具的寿命提高,但冲出的零件侧壁不直,形成口大底小的锥形,工件上部厚度大,容易产生弯曲变形。零件的尺寸精度下降。根据拉深是否采用压边圈和零件的形状及尺寸精度要求,筒形件拉深时的间隙可按下式计算:

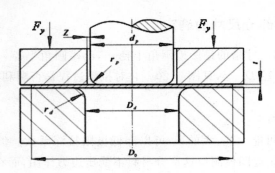

图 4-20　凸、凹模各尺寸表示

（1）不用压边圈

$$Z=(1-1.1)t_{max} \qquad (4-36)$$

式中　Z——单边间隙，最末一次拉深或精度要求较高的拉深件取小值，中间拉深取大值；

　　　t_{max}——材料厚度的上限值。

（2）用压边圈拉深时

间隙数值按表 4-6 决定。

（3）负间隙

对于精度要求较高的零件，为了减小拉深的回弹，提高表面光洁度，常采用负间隙，

说明：如果工件外形尺寸要求一定时，要以凹模为准，用减少凸模尺寸得到间隙。如果工件内形尺寸要求一定时，要以凸模为准，用减少凹模尺寸得到间隙。间隙值取 $Z=(0.9-0.95)t$。

表 4-6　凹模与凸模之间的间隙值

总拉深次数	拉深工序	单边间隙 Z
1	一次拉深	$(1\sim1.1)t$
2	第一次拉深	$1.1t$
	第二次拉深	$(1\sim1.05)t$
3	第一次拉深	$1.2t$
	第二次拉深	$1.1t$
	第三次拉深	$(1\sim1.05)t$
4	第一、二次拉深	$1.2t$
	第三次拉深	$1.1t$
	第四次拉深	$(1\sim1.05)t$
5	第一、二、三次拉深	$1.2t$
	第四次拉深	$1.1t$
	第五次拉深	$(1\sim1.05)t$

注：① t——材料厚度，取材料允许偏差的中间值；

　　② 当拉深精密工件时，对最末一次拉深间隙取 $Z=t$。

4. 凹模、凸模的尺寸及公差

对于最后一道拉深工序的拉深模，其凹模及凸模的尺寸和公差应按零件的要求来确定。

当工件要求外部尺寸时，如图 4-21(a)所示，以凹模尺寸为基准，即

$$D_d = (D - 0.75\Delta)_0^{+\delta_d} \tag{4-37}$$

凸模尺寸为：

$$d_p = (D - 0.75\Delta - 2Z)_{0-\delta_p} \tag{4-38}$$

当工件要求内部尺寸时，如图 4-21b 所示，以凸模尺寸为基准，即

$$d_p = (d + 0.4\Delta)_{-\delta_p}^0 \tag{4-39}$$

凹模尺寸为：

$$D_d = (d + 0.4\Delta + 2Z)_0^{+\delta_d} \tag{4-40}$$

式中　Z——凸、凹模间的单边间隙；

　　　　D——工件名义外径；

　　　　d——工件名义内径；

　　　　Δ——工件公差；

　　　　δ_p——凸模制造公差；

　　　　δ_d——凹模制造公差。

对于多次拉深时的中间过渡工序，毛坯的尺寸没有必要给以严格限制，这时模具的尺寸只要取等于毛坯的过渡尺寸即可。若以凹模为基准时，则凹模尺寸为：

$$D_d = D_0^{+\delta_d} \tag{4-41}$$

凸模尺寸为：

$$d_p = (D - 2Z)_{0-\delta_p} \tag{4-42}$$

凸、凹模的制造公差 δ_p 和 δ_d 对于圆筒形件，可按 $IT7 \sim IT9$ 选取或按工件的公差 $1/3 \sim 1/4$ 选取。

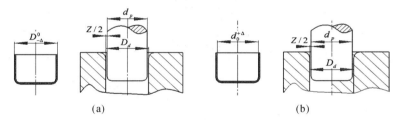

图 4-21　凹模、凸模的尺寸及公差标注

5. 凸、凹模结构

凸、凹模的结构形式的设计与拉深时的变形情况和变形程度的大小有关，设计得当，可以提高产品质量，并且可以降低极限拉深系数。

当毛坯的相对厚度大，采用图 4-22 的不用压边圈的一次拉深成形的凹模结构，这种锥形凹模和等切面曲线形状对抗失稳起皱有利。对于二次以上的拉深模的凸、凹模结构形状如图 4-23 所示

当毛坯的相对厚度小，必须采用压边圈时，应该采用图 4-24 所示的模具结构，图 4-24 (a)为圆角结构形状用于零件尺寸较小时（$d \leqslant 100$mm）。图 4-24(b)则用于零件尺寸较大时（$d > 100$mm）。采用这种有斜角的凸模和凹模除具有改善金属的流动，减少变形抗力、材料不易变薄等一般锥形凹模的特点外，还可减轻毛坯反复弯曲变形，提高零件侧壁质量，使毛坯在下次工序中容易定位等优点。使用这种结构时要注意前后两道工序的冲模在形状和尺

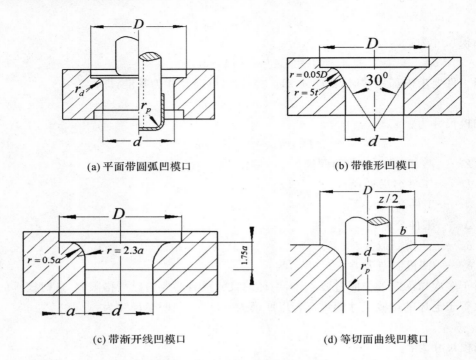

(a) 平面带圆弧凹模口

(b) 带锥形凹模口

(c) 带渐开线凹模口

(d) 等切面曲线凹模口

图 4-22 不用压边圈的拉深凹模工作部分结构形状

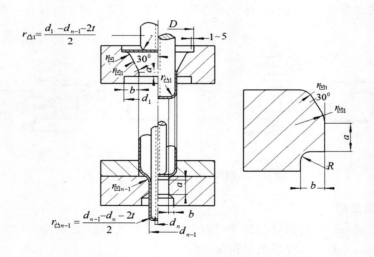

图 4-23 无压边圈的多次拉深模部分结构

寸上相协调,使前道工序得到的半成品形状有利于后面工序的成形。比如压边圈的形状和尺寸应与前道工序凸模的相应部分相同。拉深凹模的锥面角度 α 也要与前道工序凸模的斜角一致。

对于最后一道拉深,为使拉深后零件的底部平整,如果是圆角结构的冲模,其最后一次拉深凸模的圆角半径的圆心应与倒数第二道拉深凸模圆角半径的圆心位于同一条中心线上。如果是斜角的冲模结构,则倒数第二道工序$(n-1)$凸模底部的斜线应与最后一道的凸模圆角半径 $r_{凸n}$ 相切,如图 4-25 所示。

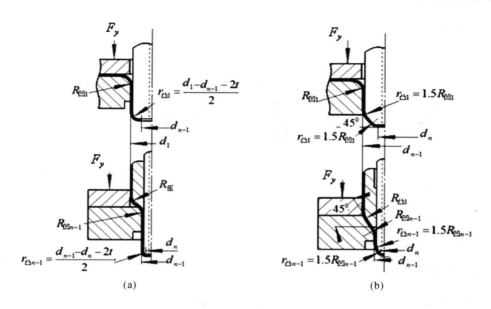

图 4-24　用压边圈的拉深模工作部分结构形状

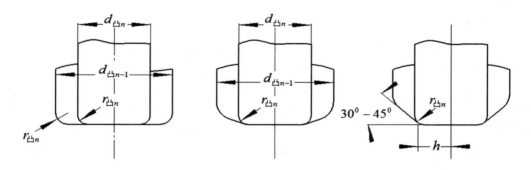

图 4-25　斜角尺寸的确定

凸模与凹模的锥角 α 大,有利于拉深变形,但 α 过大,对相对厚度小的材料可能产生起皱,α 角的可参考表 6-7 的数据确定。

由于拉深时凸模被材料包紧,工件与凸模间会形成真空状态,不但拉深后工件不易从凸模上取下来,而且造成工件底部不平,尤其是拉深件的尺寸较大时,使卸件困难。所以拉深凸模底部中间还应钻一出气孔,侧面也要有与中间出气孔相垂直的气孔,两者的位置都要超过压料圈。所图 4-26 所示。拉深凸模出气孔尺寸可查表 4-8。

表 4-7　拉深凹模锥角

材料厚度 （mm）	角度 α^0
0.5～1	30～40
1～2	40～50

表 4-8　拉深凸模出气孔尺寸

凸模直径 $d_凸$ （mm）	～50	>50～100	>100～200	>200
出气孔直径 d （mm）	5	6.5	8	9.5

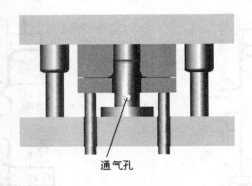

通气孔

图 4-26　拉深凸模出气孔尺寸及位置

八、其他形状零件的拉深

（一）有凸缘圆筒形零件的拉深

有凸缘圆筒形零件的拉深变形与一般筒形件是相同的,但由于拉深后带有凸缘,所以其拉深方法和计算还是有不同的特点

1. 拉深特点

带有凸缘的圆筒形件拉深,毛坯凸缘部分并非全部拉进凹模内,而是只拉深至毛坯外径等于零件凸缘外径为止,如图 4-27 所示,图中 d_f 为凸缘外直径,d 为筒形部分直径,h 为零件的高度,r_p 是筒壁与底部的圆角半径,r_d 为凸缘与筒壁的圆角半径。带有凸缘的圆筒形件可分窄凸缘筒形件($\frac{d_f}{d}=1.1-1.4$)和宽凸缘筒形件($\frac{d_f}{d}>1.4$)。

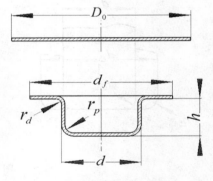

图 4-27　凸缘圆筒形零件

2. 拉深系数

带有凸缘的圆筒形件拉深系数 m_f,可用下式表示

$$m_f = \frac{d}{D_0} \tag{4-43}$$

式中　d——零件筒形部分直径;

D_0——毛坯直径,当 $r_p = r_d = r$ 时,$D_0 = \sqrt{d_f^2 + 4dh - 3.44dr}$ 代入前式得:

$$m_f = \frac{d}{D_0} = \frac{1}{\sqrt{\left(\dfrac{d_f}{d}\right)^2 + 4\dfrac{h}{d} - 3.44\dfrac{r}{d}}} \tag{4-44}$$

由上式可见,带有凸缘的圆筒形件拉深系数取决于三个尺寸因素:凸缘的相对直径 $\frac{d_f}{d}$、零件的相对高度 $\frac{h}{d}$ 和相对圆角半径 $\frac{r}{d}$,其中 $\frac{d_f}{d}$ 影响最大,而 $\frac{r}{d}$ 影响最小。$\frac{d_f}{d}$ 和 $\frac{h}{d}$ 越大,表示

拉深毛坯变形区的宽度越大。$\frac{d_f}{d}$ 和 $\frac{h}{d}$ 之大到一定程度时，便需要多次拉深。

有凸缘的圆筒形件的首次和以后各次的极限拉深系数见表 4-9 和 4-10，凸缘件第一次拉深的最大相对高度见表 4-11。

表 4-9　凸缘件的第一次拉深系数

凸缘相对直径 $\frac{d_f}{d}$	毛坯相对厚度 $\frac{t}{D_0} \times 100$				
	>0.06~0.2	>0.2~0.5	>0.5~1	>1~1.5	>1.5
~1.1	0.59	0.57	0.55	0.53	0.50
>1.1~1.3	0.55	0.54	0.53	0.51	0.49
>1.3~1.5	0.52	0.51	0.50	0.49	0.47
>1.5~1.8	0.48	0.48	0.47	0.46	0.45
>1.8~2.0	0.45	0.45	0.44	0.43	0.42
>2.0~2.2	0.42	0.42	0.42	0.41	0.40
>2.2~2.5	0.38	0.38	0.38	0.38	0.37
>2.5~2.8	0.35	0.35	0.34	0.34	0.33
>2.8~3.0	0.33	0.33	0.32	0.32	0.31

表 4-10　凸缘件以后各次的拉深系数 (m_f)

拉深系数 m_f	毛坯的相对厚度 $\frac{t}{D_0} \times 100$				
	2.0~1.5	1.5~1.0	1.0~0.6	0.6~0.3	0.3~0.15
m_{f2}	0.73	0.75	0.76	0.78	0.80
m_{f3}	0.75	0.78	0.79	0.80	0.82
m_{f4}	0.78	0.80	0.82	0.83	0.84
m_{f5}	0.80	0.82	0.84	0.85	0.86

表 4-11　凸缘件第一次拉深的最大相对高度 ($\frac{h_1}{d_1}$)

凸缘相对直径 $\frac{d_f}{d}$	毛坯相对厚度 $\frac{t}{D_0} \times 100$				
	>0.06~0.2	>0.2~0.5	>0.5~1	>1~1.5	>1.5
~1.1	0.45~0.52	0.50~0.62	0.57~0.70	0.60~0.80	0.75~0.90
>1.1~1.3	0.40~0.47	0.45~0.53	0.50~0.60	0.56~0.72	0.65~0.80
>1.3~1.5	0.35~0.42	0.40~0.48	0.45~0.53	0.50~0.63	0.58~0.70
>1.5~1.8	0.29~0.35	0.34~0.30	0.37~0.44	0.42~0.53	0.48~0.58
>1.8~2.0	0.25~0.30	0.29~0.34	0.32~0.38	0.36~0.46	0.42~0.51
>2.0~2.2	0.22~0.26	0.25~0.29	0.27~0.33	0.31~0.40	0.35~0.45
>2.2~2.5	0.17~0.21	0.20~0.23	0.22~0.27	0.25~0.32	0.28~0.35
>2.5~2.8	0.16~0.18	0.15~0.18	0.17~0.21	0.19~0.24	0.22~0.27
>2.8~3.0	0.10~0.13	0.12~0.15	0.14~0.17	0.16~0.20	0.18~0.22

注：较大值相应于零件圆角半径较大情况，即 r_d、r_p 为 $(10\sim20)t$；

　　较小值相应于零件圆角半径较小情况，即 r_d、r_p 为 $(4\sim8)t$。

3. 拉深方法

(1) 窄凸缘圆筒形件的拉深

窄凸缘圆筒形件可作为圆筒形件拉深(图 4-28)，只是在倒数第二次拉次或最后一次拉深才拉深成而水平凸缘或拉深出锥形凸缘，再通过整形将锥形凸缘压平整成尺寸 d_f。

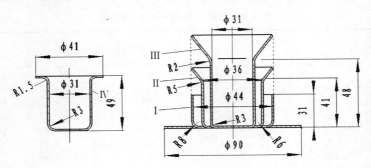

图 4-28　窄凸缘圆筒形件

(2) 宽凸缘圆筒形件拉深

宽凸缘圆筒形件不能一次拉深成功时，与直壁圆筒形件拉深不同的是，多次拉深时，当①$d_f < 200$mm 时，首次拉深时就拉出所需要凸缘外径，接下来在以后各次拉深时，要保持这个凸缘外径不变。既采用减小筒形件直径，增大高度来实现，而各次拉深 r_p 和 r_d 基本不变，如图 4-29(a)所示。用这种方法制成的零件，表面质量较差，容易在直壁部分和凸缘上残留中间工序形成的圆角部分弯曲和厚度局部变化的痕迹，所以最后应加一道需力较大的整形工序；②$d_f > 200$mm 时，首次拉深时同样先拉出所需要凸缘外径，接下来在以后各次拉深时，要保持这个凸缘外径不变。既采用减小筒形件直径，依次相应减小 r_p 和 r_d，高度基本不变，如图 4-29(b)所示。用本法制成的零件表面光滑平整，厚度均匀，不存在中间工序中圆角部分的弯曲与局部变薄的痕迹。但在第一次拉深时，因圆角半径较大，容易发生起皱。当零件底部圆角半径较小，或者对凸缘有不平度要求时，也需要在最后加一道整形工序。

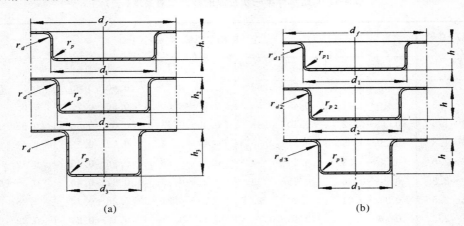

图 4-29　宽凸缘圆筒形件多次拉深

4. 阶梯形圆筒形零件的拉深

阶梯形圆筒形零件的拉深时,毛坯变形区的应力状态和变形特点都和圆筒形件相同,由于其形状比圆筒形件复杂,故其拉深工序与顺序及次数的确定都与圆筒形件有较大的差别。

(1)拉深次数的确定

当阶梯形圆筒形零件的相对厚度较大 $\frac{t}{D_0} > 0.01$,而阶梯之间直径大小之差较小,各阶梯高度相差不大,并且只有二个或三个阶梯时,一次成形的条件可用下式表示:

$$\frac{h_1 + h_2 + \cdots + h_n}{d_n} \leqslant \frac{h}{d_n} \tag{4-45}$$

式中　$h_1, h_2, \cdots, h_n$——分别为各阶梯高度;

　　　d_n——最小阶梯直径;

　　　h——直径为 d_n 圆筒形件拉深时可能得到的最大高度;

　　　$\frac{h}{d_n}$——首次拉深允许的相对高度。

如果上述条件得不到满足,就需要多次拉深(见图4-30)。

(2)拉深方法

①当每相邻阶梯直径比 $\frac{d_2}{d_1}, \frac{d_3}{d_2}, \cdots, \frac{d_n}{d_{n-1}}$ 均大于相应的圆筒形件的极限拉深系数时,则可在每道拉深工序里形成一个阶梯,此时,拉深工序数目等于零件的阶梯数目。

②当每相邻阶梯直径比 $\frac{d_2}{d_1}, \frac{d_3}{d_2}, \cdots, \frac{d_n}{d_{n-1}}$ 均小于相应的圆筒形件的极限拉深系数时,在这个阶梯成形时要采用带凸缘零件拉深的方法。

③当最小阶梯直径 d_n 过小或比值 $\frac{d_n}{d_{n-1}}$ 过小,如果阶梯高度不大,则最小阶梯可用胀形方法得到。阶梯形零件多次拉深工序,一般按直径由大到小,既从 $d_1, d_2 \cdots d_n$ 依次成形。

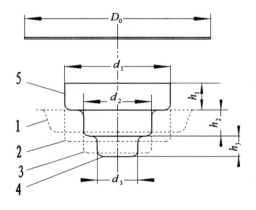

图4-30　阶梯形圆筒形件拉深

(二)矩形盒状零件的拉深

盒形件的拉深,在变形性质上与圆筒形件零件相同,凸缘变形区也是受一拉一压应力状态的作用。盒形件与圆筒形件零件拉深最大的差别在于拉深件周边上的变形是不同的。因此,在冲压工艺和模具设计中,需要解决的问题也完全不同。

1. 矩形盒状零件的拉深特点

从矩形盒形件的几何形状上看,可划分为由 4 个长度分别为 $A-2r$ 和 $B-2r$ 的直边和 4 个半径为 r 的圆角部分,相当于四分之一圆柱表面(图 4-31)。其拉深可看作圆角部分相当于直径为 $2r$、高为 h 的圆筒件的拉深,直边部分相当于弯曲变形。在拉深前的毛坯表面圆角部分划上距离相等的同心圆和夹角相等的径向放射线,直边部分划上相互垂直的等距离平行线组成的网格。拉深后的网格就化发生了明显的变化:

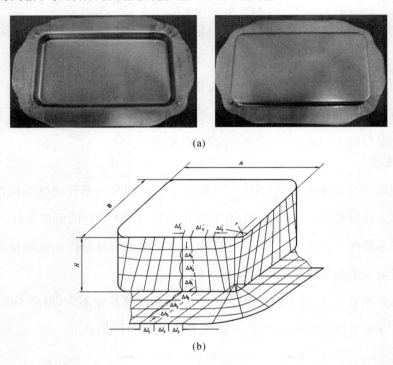

(a)

(b)

图 4-31　盒形件拉深变形特点

(1)直边部位的变化

变形后直边部位上的网格发生了横向压缩和纵向伸长的变化,变形前直边处的横向尺寸是等距的。即($\Delta l_1 = \Delta l_2 = \Delta l_3$),变形后横向间距缩小,($\Delta l'_1 > \Delta l'_2 > \Delta l'_3$),在直边的中点,横向压缩小($\Delta l_1$ 长),靠近圆角部压缩得多(Δl_3 小)。变形前纵向尺寸相($\Delta h_1 = \Delta h_2 = \Delta h_3$),变形后纵向尺寸成为 $\Delta h'_3 > \Delta h'_2 > \Delta h'_1$,越靠近口部增大越多。

(2)圆角部位的变形

纵向伸长也是直边中点处比靠近圆角部的要小。圆角部分拉深后径向的放射线不是变成与底平面垂直的等距离平行线,而是上部距离宽,下部距离小的斜线。同心圆弧间的距离变大,越向口部越大,且同心圆弧不位于同一水平面内。

根据上述的网格的变化可以说明盒形件拉深有如下特点:

①矩形件拉深的变形性质与圆筒件一样,是径向伸长、横向(切向)缩短,但矩形件变形是不均匀的,圆角部分变形大,直边部分变形小。直边部分不是简单的弯曲,拉深时圆角部

位的材料要向直边流动使直边产生横向压缩,直边也产生了拉深变形,只是没有圆角部分大,而且压缩变形和伸长变形是不均匀的,在直边的中点,横向压缩小(Δl_1 长),靠近圆角部压缩得多(Δl_3 小),纵向伸长也是直边中点处比靠近圆角部的要小。

圆角部分的变形与圆筒形的拉深变形相似,但不完全相同,因直边的存在,拉深时圆角位部的材料可以向直边流动(放射线变为斜线),这就相应减轻了圆角部分的变形,使圆角部的变形程度与半径(r)相同,高度(h)相同的圆筒件比较起来要小。圆筒部分的变形也是不均匀的,圆角中心大,两边变形小。这可从变形后,同心圆弧线间距在中间大,两边小得知。

②圆角部位材料向直边流动,使得圆角部位压应力(σ_3)与拉应力(σ_1)分布不匀,如图 4-32 所示。在圆角部的中点 σ_1 和 σ_3 最大,直边的中点 σ_1 和 σ_3 最小。故矩形件拉深时破裂发生在圆角处,又因圆角部平均的 σ_1 和 σ_3 比相应的圆筒件要小,所以,矩形件与相应的圆筒形件比较,危险断面处受力小,拉深时可采用小的拉深系数,也不容易起皱。

③矩形件拉深时,由于直边部分和圆角部分是联系在一起的整体,两部分间存在着相互

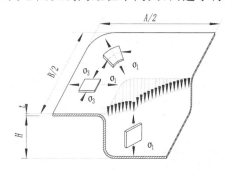

图 4-32　盒形件拉深应力分布

影响。拉深中圆角部分有一部分材料被挤到直边去,使圆角部分的变形减轻,另外,由于变形区直边部分的纵向伸长小,而底部直边部分和圆角部分材料向凹模流动的速度比圆角部分要快,因而对圆角部分有带动作用,使圆角部分材料更顺利地流向凹模,即直边部分对圆角部分有减轻和带动的作用。相反,圆角部分会影响直边部分拉深变形的大小。两部分相互影响的程度,随矩形件形状不同而不同,也就是说随 r/B 和 H/B 不同而不同。当相对圆角半径 r/B 小时,直边部分对圆角部分的影响就大,圆角部分的变形与相应的圆筒件的差别就大,当 $r/B = 0.5$ 时,盒形件成为圆筒件,矩形件与圆筒件的变形差别就没有了。

当相对高度 H/B 大时,圆角部对直边部影响大,直边部的变形与简单弯曲的差别就大。

随着零件 r/B 和 H/B 不同,则矩形件毛坯计算和工序计算的方法也就不同。

2. 矩形件毛坯尺寸的确定

计算矩形件毛坯的原则是:保证毛坯的面积应等于加上修边量后的工件面积。另外,由于矩形件拉深时变形不均匀,圆角部分材料在变形中要转移的特点,应按面积相等的原则,把毛坯形状和尺寸进行修正,使毛坯外形成光滑的曲线,拉深后口部各点高度均匀。

毛坯形状和尺寸的确定应根据零件的 r/B 和 H/B 值来进行,因这两个因素决定了圆角部分材料向工件直部转移的程度和直部高度的增加量。下面主要介绍低盒形件和高盒形件两种零件毛坯的确定方法。

(1)一次拉成的低矩形件毛坯计算

低矩形件是指高宽的关系是 $H = 0.3B$,这种零件拉深时有微量材料从角部转移到直边,但不会引起直壁部高度明显增加,可以认为圆角部发生拉深变形,而直边部只是弯曲变形,根据这样的变形特点,将零件直边按弯曲展开,圆角部按圆筒形拉深展开,再用光滑曲线连接直部和角部即得毛坯,如图 4-33。其计算和作图步骤如下:

①首先求出弯曲部分的长度 L 和圆角部分展开的毛坯半径 R

当 $r \neq r_p$ 时， $$R = \sqrt{r^2 + 2rH - 0.86r_p(r + 0.16r_p)} \qquad (4\text{-}46)$$

当 $r = r_p$， $$R = \sqrt{2rH} \qquad (4\text{-}47)$$

直边部分展开长度

无凸缘时， $$L = H + 0.57r_p \qquad (4\text{-}48)$$

有凸缘时， $$L = H + R_f - 0.43(r_f + r_p) \qquad (4\text{-}49)$$

式中　H——盒形件的冲压高度, $H = h + \Delta h$;

　　　r_p—盒底和盒直边的连半径(凸模圆角半径);

　　　r——两直边的连接半径;

　　　r_f——凸缘与直边的连接半径;

　　　R_f——底部圆角中心到凸缘外边沿之间的距离。

盒形件的修边余量 Δh(见表 4-12)。

表 4-12　矩形件修边余量 Δh

所需拉深次数	1	2	3	4
修边余量 Δh	(0.03~0.05)	(0.04~0.06)	(0.05~0.08)	(0.06~0.1)

②按 1:1 比例画出盒形件平面图,并过 r 圆心作一条水平线。以半径 R 作圆弧交于 a;

③画直边展开线交于 b,其距离 r_p 圆心迹线的长度为 L;

④通过 ab 中心 c 画一直线与圆弧 R 相切,使得阴影部分面积 $+f$ 等于 $-f$;并用 R 将切线与直边展开线连接起来,即得毛坯外形。

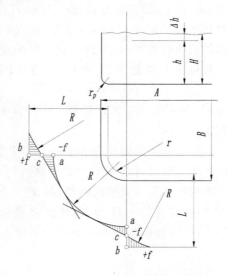

图 4-33　低矩形件毛坯作图法

(2)高矩形件毛坯计算

高矩形件是指高宽的关系是 $H \geqslant 0.5B$,拉深时圆角部有大量材料向直边流动,直边部拉深变形也大,这时毛坯形状可做成圆形或长圆形,甚至椭圆形。毛坯尺寸仍根据工作表面积与毛坯面积相等的原则计算。

①对方形件用圆形（图 4-34）的毛坯，其直径为：

当 $r \neq r_p$ 时，

$$D_0 = 1.13 \sqrt{B^2 + 4B(H - 0.43r_p) - 1.72r(H + 0.33r)} \tag{4-50}$$

当 $r = r_p$ 时，

$$D_0 = 1.13 \sqrt{B^2 + 4B(H - 0.43r_p) - 1.72r(H + 0.5) - 4r_p(0.11r_p - 0.18r)} \tag{4-51}$$

式中　D_0——方形件用圆形毛坯，其余计算与式（4-48）和式（4-49）相同。

②对尺寸为 $A \times B$ 的矩形件，可以看作由两个宽度为 $B/2$ 的半正方形和中间为 $(A-B)$ 的直边部分连接而成。这样，毛坯形状是由两个半圆弧和中间两平行边所组成的长圆形，如图 4-35 所示。长圆形毛坯的圆弧半径为：

$$R_b = \frac{1}{2}D_0$$

式中　D_0 是宽为 B 的方形件的毛坯直径，按式（4-50）或（4-51）计算。R_b 的圆心距短边的距离为 $B/2$。则长圆形毛坯的长度为：

$$L = 2R_b + (A - B) = D_0 + (A - B) \tag{4-52}$$

长圆形毛坯的宽度为：

$$K = \frac{D_0(B - 2r) + [B + 2(H - 0.43r_p)](A - B)}{A - 2r} \tag{4-53}$$

然后用 $R = \dfrac{K}{2}$ 过毛坯长度两端作弧，既与 R_b 弧相切，又与两长边的展开直线相切，则毛坯的外形即为一长圆形。

如 $K \approx L$，则毛坯作为圆形，半径为 $R = \dfrac{1}{2}K$。

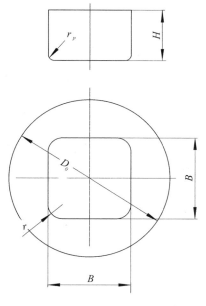

图 4-34　方盒形件毛坯形状与尺寸

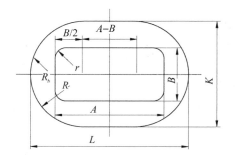

图 4-35　高矩形件的毛坯形状与尺寸

3. 矩形件拉深次数和工序尺寸计算

盒形件是否能一次拉深,其判断条件和圆筒形零件相同,根据拉深前后面积相等的原则,确定矩形件的毛坯形状和尺寸后,就计算其拉深数。将拉深系数与矩形件初次拉深允许的成形极限相比较就可以确定一次能否拉成。

由于盒形件的拉深时的圆角部分的受力和变形比直边大,起皱和拉破的都发生在圆角部位,因此,盒形件首次拉深时的极限变形量由圆角部传力的强度确定。

拉深时圆角部分程度仍用拉深系数表示:

$$m = \frac{d}{D_0} \tag{4-54}$$

式中 d——与圆角部位相应的圆筒体直径;

D_0——与圆角部位相应的圆筒形件展开毛坯直径。

如果 $r = r_p$,与圆角部相应圆筒形件毛坯直径

$$D_0 = 2\sqrt{2rH}, \text{则 } m = \frac{d}{D_0} = \frac{2r}{2\sqrt{2rH}} = 1/\sqrt{\frac{2H}{r}} \tag{4-55}$$

式中 r——工件底部和角部圆角半径;

H——工件的高度。

从式(4-55)中看出,盒形件的极限变形程度可用盒形件相对高度 $\frac{H}{r}$ 表示,而相对高度取决于盒形件的相对圆角半径 $\frac{r}{B}$,毛坯的相对厚度 $\frac{t}{D_0}$ 和板料的性能。r/B 愈小,圆角部位向直边部位流动就愈多,允许的相对高度 $\frac{H}{r}$ 就愈大,抗失稳能力就愈强,危险断面处拉应力愈低。其值可查表 4-13,表 4-13 中的数值适用于 10 号钢等软钢,当相对厚度小($t/B <$ 0.01),而且 $A/B \approx 1$ 时,取表中较小值;当 t/B 大($t/B > 0.015$),$A/B \geqslant 2$ 时,取表中较大值。

表 4-13　盒形件初次拉深的最大相对高度 $\frac{H}{r}$

相对角部圆角半径 r/B	0.4	0.3	0.2	0.1	0.05
相对高度 H/r	2~3	2.8~4	4~6	8~12	10~15

如果盒形件的相对高度 H/r 不大于表 4-13 中的值,则盒形件可一次拉成,否则,必须采用需工多次拉深。

对多次拉深的盒形件,要使各道次工序在变形区内的圆角部分与直边部分的拉深变形均匀一致,否则,因圆角部位受到的拉深变形过大产生附加压应力,引起此处材料的堆聚或起皱;而直边部位受过大的附加拉应力作用使厚度过分变薄或者破裂。正方形毛坯开始采用为直径 D_0 的圆形板料并拉深成过渡形状,矩形工件则采用椭圆形或长圆形拉深成过渡形状,最后一道工序才拉深成要求的方形或矩形工件。如图 4-36 所示。拉深次数计算由倒数第二道即 $n-1$ 道往前计算,直到由 D_0 毛坯能一次拉成相应的半成品为止。由此得到整个工件所需拉深次数。

对多于道拉成的矩形件,倒数第二道($n-1$)工序半成品直径的计算较为关键。考虑到毛坯要进行多次的拉深变形,角部会有大量的材料往直边转移,所以计算($n-1$)道直径不能像低矩形件那样,仅考虑圆角部的拉深变形程度,而要把零件直边部分的变形都考虑在内。最后一道拉深的变形程度要采用零件整个外形的平均拉深系数来计算。即:

$$m_p = \frac{l_n}{l_{n-1}} \qquad (4-56)$$

式中　m_p——平均拉深系数;

　　l_n——成品件周边长;

　　l_{n-1}——成品件前次工序周边长。

对于方形件:

$$m_p = \frac{B - 0.43r}{0.5\pi R_{bn-1}} \qquad (4-57)$$

式中　R_{bn-1}——$n-1$ 次的拉深半径。

根据式(4-56)和(4-57)并由图 4-36 的几何关系可知,$n-1$ 道次工序半成品的直径用下式计算:

$$D_{n-1} = 1.41B - 0.82r + 2\delta \qquad (4-58)$$

式中　D_{n-1}——$n-1$ 次拉深工序后半成品直径;

　　B——方形盒件的宽度(按内表面计算);

　　r——方形盒件角部的内圆角半径;

　　δ——方形盒件角部的壁间距离,由 $n-1$ 道工序半成品内表面到盒形件在圆角处内表面的距离。

δ 值对拉深时毛坯变形程度的大小,以及变形分布的均匀程度有直接影响。工件的 r/B 大,则 δ 小;拉深次数多时,δ 也小。当采用图 4-36 所示的成形过程时,可以保证沿毛坯变形区周边产生适度而均匀变形的壁间距离 δ 之值为:

$$\delta = (0.2 \sim 0.25)r \qquad (4-59)$$

$n-1$ 道直径确定后,其他各道 $n-1$、$n-2$……等的直径可按圆筒件的计算方法确定。相当于用直径 D_0 的毛坯拉成直径 D_{n-1}、高为 H_{n-1} 的圆筒形零件。

4. 盒形件拉深模工作部分形状和尺寸的确定

(1)凹模圆角半径 r_d

设计时先取小些,在调试模具时可根据需要修磨加大。另外盒形件拉深时圆角部位的金属流动比直边困难,圆角部位的 r_d 取了比直边部位稍大些。

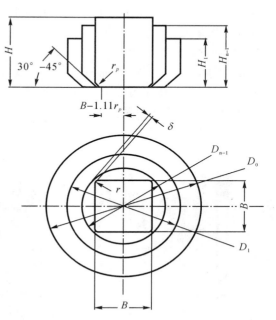

图 4-36　方盒形件的过渡毛坯形状和尺寸

（2）间隙 Z

盒形件尺寸精度要求高时取 $Z=(0.9-1.05)t$，盒形件尺寸精度要求高不高时取 $Z=(1.1-1.3)t$，最后一次成品件拉深时取 $Z=t$。

（3）$n-1$ 次拉深凸模形状

从改善最后一次盒形件成品拉深金属流动状况出发，$n-1$ 次拉深凸模形状

底部与成品件相似的形状，然后用 45°斜角向壁部过渡，形状和尺寸关系如图 4-36 所示。

第二节　拉深模设计与制造

拉深模结构设计相对简单，一般的圆筒形件拉深模与圆板的落料模或冲孔模比较相似，区别在于：（1）圆板落料模和冲孔模的凸模和凹模无圆角，而拉深模凸模和凹模一定是有圆角的，并且拉深凸模上一定要有通气孔的；（2）压边力不同，圆板落料模和冲孔模卸料力或顶件力等是根据冲裁力乘以某个系数而定，而拉深模的压边力是根据拉深毛坯与凹模接触面积的大小乘以单位压力而定；（3）冲裁模一般采用机械式压力机，速度较快，而拉深模一般采用液压机，速度较慢；（4）冲裁模的压料力等一般采用弹簧或橡皮作为弹性元件，拉深模只有浅拉深或一般要求的拉深件才会采用，对于拉深来说：理想的压边装置要按拉深过程中起皱趋势的变化规律，施加相应的合适的压边力，但实现使用中需要有专门的变压边力压力机，成本较高。目前生产中常用的压边装置有两大类。

（1）弹性压边装置

这种装置一般多用于普通单动压力机上。如橡皮压边装置图 4-37(a)，弹簧压边装置图 4-37(b)，气垫式压边装置图 4-37(c)，这三种压边力的变化曲线如图 4-38 所示。随着拉深深度的不断增加，凸缘变形区材料不断减少，压边力也需要相应减少。而橡皮与弹簧压边刚好相反，是随着拉深深度增加而增加的。橡皮产生的压边力远远大于弹簧产生的压边力。在此情况下，会使拉深力增加，从而导致零件容易拉裂。因此，橡皮与弹簧压边一般用于浅拉深零件。气垫式压边装置由于拉深过程中压边力能够保持恒定，所以压边效果比较好，但其结构和使用相对复杂一些。

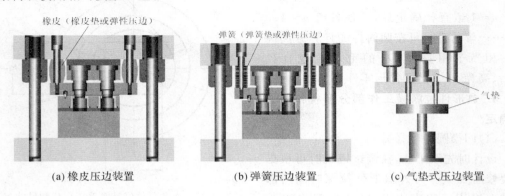

(a) 橡皮压边装置　　　　　(b) 弹簧压边装置　　　　　(c) 气垫式压边装置

图 4-37　弹性压边装置

在普通单动压力机上,使用橡皮与弹簧压边装置使用还是比较方便的,所以还是被广泛采用。但是要正确选用橡皮与弹簧形状和规格及尺寸等,如橡皮的选用应使总厚度不小于拉深件行程的五倍。弹簧则应选用总压缩量大,并且压边力增加比较缓慢的类型。

(2)刚性压边装置

如前所述,刚性压边装置一般采用双动压边力来完成的,压边圈与压力机的压边外滑块连接,与气垫式压边装置相类似,拉深过程中压边力能够保持恒定,能够获得理想的压边效果。一般用在大型拉深零件的拉深,如汽车覆盖件拉深。

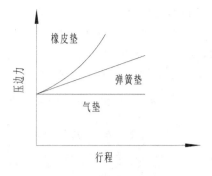

图 4-38　弹性压边装置的压边力的变化曲线

一、筒形件拉深模设计

图 4-39 所示,是拉深有法兰的筒形。图 4-40 和图 4-41 是带法兰圆筒形拉深模。

模具的结构形式与冲裁比较相似,模具由上模板 1,导套 2,导柱 3,凸模固定板 4,凸模 5,压料圈 6,退料螺钉 7,弹簧 8,下模板 9,凹模 10,12 推板,顶杆 13 组成。拉深件,圆板毛坯放在凹模端面上,压料圈压住圆板毛坯的同时,凸模下行,圆毛坯被拉进凸模和凹模间的间隙中形成筒壁,而在凹模端面上的毛坯外径逐渐缩小,当板料部分进入凸、凹模间的间隙里时拉深过程结束,圆板毛坯就变成具有一定形状的开口空心件 11。拉深模与冲裁模的主要区别在于其凸模和凹模的工作部分不

图 4-39　带法兰圆筒形件

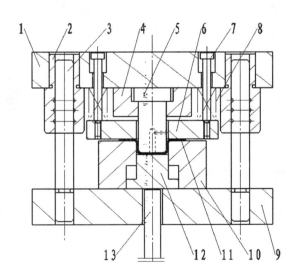

1. 上模板　2. 导套　3. 导柱　4. 凸模固定板　5. 凸模　6. 压料圈　7. 退料螺钉
8. 弹簧　9. 下模板　10. 凹模　11. 工件　12. 推板　13. 顶杆

图 4-40　带法兰圆筒形拉深模

是锋利的刃口,而是具有一定的圆角,凸模开设通气孔,凸、凹模间的单边间隙稍大于料厚,得到的工件各部分厚度与毛坯接近。如果凸、凹模间的间隙小于料厚,则工件在拉深过程中,壁厚比毛坯厚度显著减小,这种拉深叫变薄拉深。拉深模结构还可采用如图 4-42 所示的反拉深结构。这种结构适用于多次拉深。

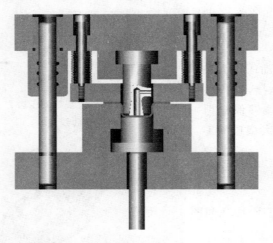

图 4-41　带法兰圆筒形拉深模三维效果图

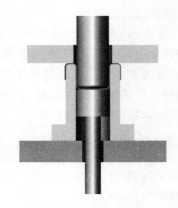

图 4-42　反拉深结构

如果采用双动压力机拉深同样的零件,则可采用双动压力机上的刚性压边圈装置。其动作原理如图 4-43 所示。曲轴 1 旋转时,先通过凸轮 2 带动外滑块 3 使压边圈 6 将毛坯压在凹模 7 上,随后由内滑块 4 带动凸模 5 对毛坯进行拉深。在拉深过程中,外滑块不动。刚性压边圈的压边作用,并不是靠直接调整压边力来保证的。由于板料凸缘变形区在拉深过程中有增厚的现象,所以调整模具时 C 略大于板厚 t。用刚性压边,压边力不随行程变化,拉深效果比较好,而且模具结构简单。图 4-44 是带刚性压边装置拉深模。

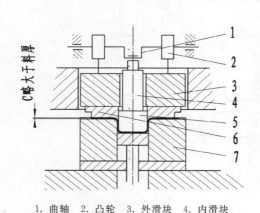

1. 曲轴　2. 凸轮　3. 外滑块　4. 内滑块
5. 凸模　6. 压边圈　7. 凹模

图 4-43　双动压力机用拉深模刚性压边装置动作原理

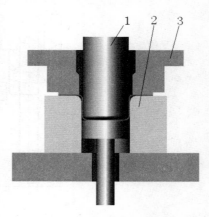

1. 凸模　2. 凹模　3. 压边圈

图 4-44　带刚性压边装置拉深模

同样的结构也可拉深浅盒形件等拉深件。

二、提高板料成形极限性能的拉深模设计

1. 椭圆角凹模的拉深模

圆角凹模就是凹模直壁与水平面过渡采用圆角,一般的拉深模都是采用此种结构的,而椭圆角凹模就是凹模直壁与水平面过渡采用椭圆。虽然椭圆角凹模结构简单,但与生产中采用的圆角凹模拉深进行比较,椭圆角凹模结构能大幅度提高板料极限成形能力。

提高板料成形极限能力的新工艺,实现抑制和避免或控制板料成形中的起皱和破裂,不外乎从提高板料的力学性能、模具结构设计方法、成形设备控制三个方面考虑。采用优良力学性能的板料会使冲压件成本提高,成形设备如变压边力控制,同样成本高昂效果不佳,相对来说,用改善模具结构设计的研究比较少,如拉深孔技术,即在凹模与板坯接触面上打微小孔的工艺方法,对提高板坯成形极限能力有一定的效果,然而在凹模上平面打孔及孔口打磨比较费时,对复杂薄板件,要通过不断地试压确定板坯流动困难的区域上打孔的密度及大小,难以在实际生产中推广开来。由于以往研究的工艺方法都有其局限性,目前在板料拉深生产中采用比较简便而又能提高板料极限能力的工艺方法并不多。维持正常冲压件拉深生产,还是以采用弹簧或橡皮及刚性压边圈作为压边的弹性元件,凹模还采圆角凹模等模具形式居多。椭圆角凹模加工并不复杂,凸模一般都是淬火过的,圆角凹模拉深时,板料发生破裂时,模具再修改成或磨削椭圆角也比较方便。

(1)椭圆角凹模成形力学分析

设椭圆半长轴和半短轴分别为 a 和 b,为保持杯形件直边高度 h_0(或拉深件高度)不变(图 4-45 所示),并且椭圆角凹模能与圆角凹模比较,令椭圆半短轴 $b=R$,相当于椭圆中心相对于圆心偏移一个距离 e。图 4-46 所示是凹模入料口为椭圆角的拉深过程。

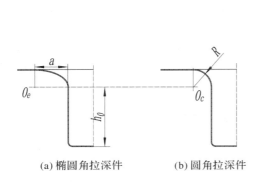

(a) 椭圆角拉深件　　(b) 圆角拉深件

图 4-45　椭圆角与圆角拉深件

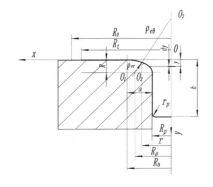

图 4-46　椭圆角的拉深过程

设板料很薄且忽略不计,当凸模从板料上平面拉深至任意深度 h 时,设板料与椭圆弧任意相切点坐标为 (x_w, y_w),在切线处取微元体,当微元体足够小时,可近相似看作圆薄膜微元体,圆薄膜板料受力公式

$$\left.\begin{array}{c} \dfrac{p_r}{\rho_{er}}+\dfrac{p_\theta}{\rho_{e\theta}}=q \\[3mm] p_r=p_s\ln\dfrac{R_t}{r} \\[3mm] p_\theta=p_s\left(\ln\dfrac{R_t}{r}-1\right) \end{array}\right\} \tag{4-60}$$

式中 p_r——微元体薄膜径向力；

        p_θ——微元体薄膜周向力；

        p_s——变形区材料的平均抗力；

        $\rho_{er},\rho_{e\theta}$——微元体薄膜子午向曲率半径；

        q——垂直于薄膜平面的平均压力；

        R_t——板料由初始半径 R_0 拉深至某一时刻的凸缘半径；

        r——板料由初始半径 R_0 拉深至某一刻的凸缘半径时问题任意点半径。

图示椭圆角凹模中心坐标 (x_{eo},y_{eo}) 为 $(a+R_p,R)$，

因此椭圆方程为：

$$\frac{[x-(a+R_p)]^2}{a^2}+\frac{(y-R)^2}{R^2}=1 \tag{4-61}$$

因任意弧线曲率半径为

$$\rho=\frac{[1+y'(x)^2]^{\frac{3}{2}}}{|y''(x)|}\approx\frac{1}{|y''(x)^2|} \tag{4-62}$$

由式(4-61)和式(4-62)可得椭圆切点处 (x_{to},y_{to}) 曲率半径 p_{er} 为

$$p_{er}=\frac{a^2\left[2R^2-\dfrac{R^2}{a^2}(x_{to}-(a+R_p))\right]^{\frac{3}{2}}}{2R^2} \tag{4-63}$$

椭圆在切点 (x_{to},y_{to}) 处的切线方面方程为

$$\frac{[x-(a+R_p)][x_{to}-(a+R_p)]}{(R+e)^2}+\frac{(y-R)(y_{t0}-R)}{R^2}=1 \tag{4-64}$$

经整理得切线方程斜率为：

$$k_{te}=\frac{[x_{to}-(a+R_p)]}{a^2}\frac{R^2}{(R-y_{t0})} \tag{4-65}$$

得到过切点的法线方程斜率为：

$$k_{ne}=\frac{a^2}{[x_{to}-(a+R_p)]}\frac{(y_{to}-R)}{R^2} \tag{4-66}$$

过切点的法线(与 p_{er} 重合)为

$$y=\frac{a^2(y_{to}-R)}{[x_{to}-(aR_p)]R^2}x+y_{to}-\frac{a^2(y_{to}-R)x_{to}}{[x_{to}-(a+R_p)]R^2} \tag{4-67}$$

由此可得法线与 $y=R$ 直线坐标 (x_{no},y_{no}) 为 $\left[\dfrac{R^2(a+R_p-x_{to})}{(a)^2}+x_{to},R\right]$，

设 (x_{no},y_{no}) 到 (x_{to},y_{to}) 的距离为 ρ，于是

$$\rho=\sqrt{\left(\frac{R^2(a+R_p-x_{to})}{(R+e)^2}\right)^2+(R-y_{to})^2} \tag{4-68}$$

由此可得：

$$\rho_{e\theta} = -\left(\frac{R_p}{\cos\alpha} - \rho\right) \tag{4-69}$$

当板料由圆板拉入椭圆角模腔位置时，根据拉深前后表面积不变，得

$$\pi R_0^2 = \pi(R_t^2 - R_a^2) + \frac{\pi}{4}\left[2\pi r_p(2R_p - 2r_d) + 8r_p^2\right] + 2\pi(h - r_p - R)R_p + \pi(R_p - r_p)^2$$

$$+ 2\pi\int_0^R \left(\sqrt{a^2 - \frac{a^2}{R^2}(y-R)^2} + a + R_p\right)dy \tag{4-70}$$

整理得

$$R_t = \sqrt{\frac{R_0^2 + R_a^2 - \frac{\pi}{4}\left[2\pi r_p(2R_p - 2r_d) + 8r_p^2\right] - 2\pi(h - r_p - R)R_p - \pi(R_p - r_p)^2}{-2\int_0^R\left(\sqrt{a^2 - \frac{a^2}{R^2}(y-R)^2} + a + R_p\right)dy}}$$

$$\tag{4-71}$$

由式(4-60)、式(4-68)、式(4-69)和式(4-71)便可计算得到板料拉至任意位置时，板料对椭圆角凹模的法向压力 q，由作用力互等，q 也即椭圆角凹模对板料的厚向压力。根据应力分析，此处法向压力使板料有减薄趋势。q 愈大，板料减薄趋势愈严重。设 $a = 6.5\text{mm}$，$b = R = 4.5\text{mm}$，$R_p = 20.4\text{mm}$，$r_p = 6\text{mm}$，$R_0 = 57.5\text{mm}$，$t = 2\text{mm}$，按椭圆中心和圆中心分别按 x 轴负方向分别取 $x = 1\text{mm}$，2mm，3mm，4mm，5mm，6mm，取得各切点位置坐标，并求出切点处椭圆角凹模法向压力 q_e 和圆角凹模法向压力 q_c 的大小，根据计算结果，采用圆角凹模时，沿水平至圆角下部的法向压力的最大值 q_{cmax} 为 0.18MPa，最小值 q_{cmax} 为 0.14MPa；而采用椭圆角凹模时，沿水平至圆角下部的法向压力最大值 q_{emax} 为 0.15MPa，最小值 q_{emin} 为 0.057MPa。图 4-47 是拉深初始阶段，凸模力 P 与椭圆角凹模板料受到拉深力 p_{re} 和圆角凹模时板料受到拉深力 p_{rc} 的关系，图 4-47 中：拉深时采用圆角凹模时，凸模力用 P_c 表示；拉深时采用椭圆凹模时，凸模力用 P_e 表示，板料拉深时，板料始终与凹模圆角处相切，凸模中心与圆角凹模拉深切点距离设为 r_c，凸模中心与椭圆角凹模拉深切点距离设为 r_e，用 γ_c 和 γ_e 分别表示采用圆角凹模和椭圆角凹模时板料切线与拉深方向夹角

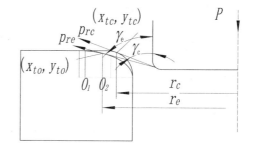

图 4-47　P 与拉深力 p_{re} 和拉深力 p_{rc} 的关系

由图 4-47 可得：

$$P_c = 2\pi r_c p_{rc}\cos\gamma_c \tag{4-72}$$

$$P_e = 2\pi r_e p_{re}\cos\gamma_e \tag{4-73}$$

由计算得：同样可得总有 $P_e < P_c$。

综合上述分析计算：椭圆角凹模拉深时，椭圆角凹模对板料的厚向压力小于圆角凹模对板料的厚向压力，拉深成任意时刻，椭圆角凹模拉深时产生的凸模上合力也小于圆角凹模拉深时凸模上合力。两者的共同作用控制或抑制了板料的变薄。提高板料的承载能力。

(2)有限元模拟及结果

1)有限元模型

根据给出模具参数,选取材料08Al,材料特性表见表4-14,设工件与模具之间的摩擦因数 $\mu=0.1$,压边力均取1800N,建立了圆角凹模有限元模型和椭圆角凹模有限元模型(图4-48和图4-49)

表4-14　材料08Al特性

弹性模量 E/GPa	泊松比 v	屈服极限 σ_2/MPa	应变强化因数 K/MPa	硬化指数 n	原向异性因数 r
206.8	0.3	110.3	537	0.21	1.8

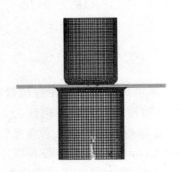

图4-48　圆角凹模有限元模型

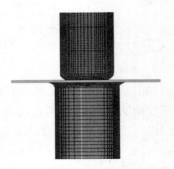

图4-49　椭圆角凹模有限元模型

2)成形性能评价标准

成形性能评价标准采用图4-50的FLD成形极限示意图,根据应变点落在临界状态区 A、安全区 B、起皱区 C,来确定成形件是否合格。如应变点落在 B 处,则说明拉深件合格,是比较理想的。如应变点落在 D 处,则说明还没有充分利用板料的极限拉深能力。

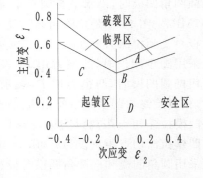

图4-50　FLD成形极限示意图

3)结果分析

设模拟速度取 $v=2m/s$,模拟结果见图4-51和图4-52,从图4-51和图4-52看出,圆角凹模拉深至 $h=20mm$ 有应变点进入临界区,说明废品率比较高,而拉深至 $h=21mm$ 时应变点进入破裂区,说明拉深件报废,而圆角凹模拉深至 $h=27mm$ 应变点都在拉裂安全成形曲线下方,说明拉深件没有发生破裂,拉深件合格,到了拉深深度为 $h=28mm$,才有应变点进入临界区。模拟结果显示椭圆角凹模与圆角凹模拉深相比能极大地提高极限成形能力。

以上分析得出:(1)拉深时,板料流经凹模椭圆角时,椭圆角凹模对板料厚向压力远小于圆角凹模,而板料厚向压力的减小抑制了板料减薄趋势,因而能提高板料的极限成形能力。(2)椭圆角凹模拉深时,拉深凸模上的合力也小于圆角凹模时凸模上合力。因此能够使提高凸模圆角上方危险断面处的承载能力。(3)从加工性来说,加工成椭圆角凹模并不难,如是对于圆角凹模拉深不理想或者发生破裂时,最理想的状态是,如果拉深破裂处于临界状态,

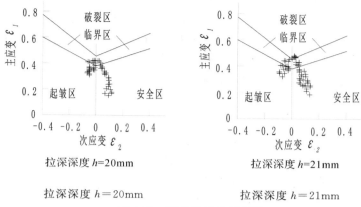

图 4-51　圆角凹模拉深 FLD

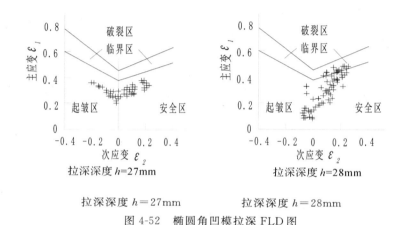

拉深深度 h＝27mm　　　拉深深度 h＝28mm

图 4-52　椭圆角凹模拉深 FLD 图

可将圆角凹模（图 4-53（a））在与板料流入模腔方向逆向再磨削加工成椭圆角凹模（图 4-53（b））。所以椭圆角凹模可在模具设计控制造值得采用。

（a）圆角凹模　　　　　　　　　　　　（b）椭圆角凹模

图 4-53　圆角凹模和椭圆角凹模

2. 振动拉深

振动拉深是将拉深模置于伺服压力机上，毛坯经压边圈压住后，凸模依靠伺服压力机以一定的振幅、频率上下来回运动，一边振动一边向下拉深，达到拉深的目的。

使用传统压力机控制薄板拉延成形，当模具结构和尺寸、板料尺寸、成形速度、润滑状态、成形温度等一定时，压边力就成为可以根据需要任意变化的可控制的唯一可变参数。因此,理想的压边力应是在保证不引起起皱的前提下的最小值,或者在拉延成形的不同瞬间,不同的变形质点所需的压边力是不同的,即压边力曲线应随变形力和变形方式的变化而变化。虽然在压边力行程曲线的预测方法上取得了许多研究成果,主要有数值模拟方法、实验方法、理论分析方法和人工智能的神经网络技术与模糊控制技术,实践和研究结果表明,对拉延成形最好采用弹性压边方法,对拉延过程中的压边力进行实时控制,然而,压边力行程曲线变化理论分析与实验结果差异较大,加载路径和试验对象不同时,最优压边力曲线无法确定。

随着控制技术的进步,伺服压力机能实现加载任意滑块位移和速度条件,可提供任意滑块运动特性曲线,使得压边力不再是可以根据需要任意变化的可控制的唯一可变参数,模具拉延凸模可通过相关模具零件与压力机滑块刚性连接,因此,滑块位移和速度条件或运动特性曲线就是拉延凸模产生的运动特性曲线或位移加载曲线,而拉延凸模产生的拉延力过大是影响拉延过程中破裂的主要因素之一,由于伺服压力机可作间段拉深,从拉延开始到结束可分多次完成,每次拉延均可产生小变形和小位移,因此每次所需的拉延力比较小,同时,在前一次拉延结束后,制件的刚性有所提高,再开始下一次拉延时,稳定性较前一次又有所提高,而传统机械压力机从拉延开始到结束产生一次性大变形和大位移的所需的拉延力比较大,这就是伺服压力机拉延比机械压力机拉延更能提高板料极限成形能力的原因之一。

相对于变压边力控制拉延过程,加载任意的滑块运动特性曲线进行拉延过程控制更方便,更容易实现,成本更低。但是在不同的凸模运动曲线拉深具有不同的拉深效果,采用有限元模拟分析,对比了筒形件厚度减薄率,得出了台阶下降的凸模(滑块)运动曲线优于机阶梯型滑块运动曲线,并能获得最大的拉深比,对采用伺服压力机拉深成形具有很大的参考指导作用。

(1)凸模运动曲线对板料拉深极限性能的影响分析

假设拉深时压边力,凸、凹模间隙,润滑条件适当,凹模圆角上方的材料(图 4-54)首先与凹模圆角接触并受到了弯曲拉应力和凹模圆角对板料的压应力,而这部分材料处于凹模洞口,所受到的切向应力很小,可忽略不计,所以这部分的材料主要受拉应力为主,应变也为拉应变,材料由初始厚度 t_0 减薄至 t,当这部分材料随凸模拉入凹模直壁后又继续受拉应力再减薄至 t_i 便成为危险断面,如 $\sigma = \dfrac{F}{A} = \dfrac{F}{\pi d t_i} \geqslant [\sigma]$

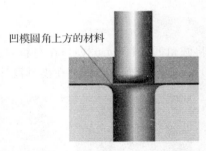

凹模圆角上方的材料

图 4-54　凹模圆角上方的材料

时,式中:σ——危险断面应力;F——危险断面拉应力;A——危险断面截面积;d——近似于凹模(或凸模)直径;t_i——板料拉裂时厚度;$[\sigma]$——材料强度极限。就发生撕裂。机械压力机从拉深开始到结束是一次完成的,是大变形大位移的结果,所需的一次性拉力比较大。而伺服压力机可作间段拉深,从拉深开始到结束可分多次次完成,每次拉深均为小变形小位移,因此每次所需的拉力比较小,同时,在前一次拉深结束后,制件的刚性有所提高,再开始下一拉深时,稳定性较前一次又有所提高,假设拉深后期板料同样减薄至 t_i,由于所需的拉力较小,拉应力也较小,危险断面的承载能力相应就提高。这就是伺服压力机拉深比机械压力机拉深更能提高板料极限能力的原因之一。从另外一个角度分析,金属板料可看作是许多形状极不规则的被称之因晶粒或单晶体的小颗粒杂乱地嵌合成,而单晶体是金属原子按照一定的规律在空间排列而成,每个原子都在晶体占据一定位置,排列成一条条的直线,形成一个个的平面,原子之间都保持着一定的距离[9]。拉深产生的塑性变形实际上使晶格的一部分相对另一部分产生较大的错动,错动后的晶格原子,就在新的位置上与其附近的原子组成了新的平衡,此时如果卸去了外力,原子间的距离可恢复原状,但错动了的晶格却不能再回到其原始位置了。常温下拉深,外力对板料所做的功,大部分都消耗于塑性变形并转化为热能,变形体的温度愈高,软化作用加强,有利于拉深变形进行。用机械压力机进行拉深,如果拉深速度较低,变形体排出的热量完全来得及向周围介质传播扩散,对变形体加热软化作用影响不大,而如果拉深速度较高,热量散失机会较少,软化作用会有些加强,但机械压力机速度低或高产生热量扩散与否对拉深的影响并不大,主要是由于机械压力机拉深时滑块位移运动方式对冲压拉深在拉深件高度方向上(或拉深深度)上是连续的,拉深产生的塑性变形使晶格的一部分相对另一部分产生较大的错动,原子间的距离在拉深过程中没有恢复原状的机会,而晶格错动和原子间的距离在新的位置恢复原状是制件刚度增加的原因之一,因此机械压力机拉深就容易产生撕裂;而伺服压力机滑块运动变化速度要比机械压力机快得多,如果迅速地下降一段距离后作短暂停留,一方面变形体排出的热量还未来得及向周围介质传播扩散,软化作用还在,同时,短暂停留相当于暂时卸去了外力,原子间的距离得到恢复原状的机会,因此拉深效果较好;但如果同样迅速地下降一段距离后作相对比较长时间的停留,一方面变形体排出的热量完全来得及向周围介质传播扩散,软化作用减弱,原子间距离恢复原状后产生了较大的冷作硬化效果,使得变形抗力增加,反而不利于拉深,实际上相当于首次拉深后的以后各次拉深。而阶梯形凸模运动曲线的拉深的效果类似于台阶凸模运动曲线,区别在于:下降后再上升这段时间间隔中,可使原子间的距离在拉深过程中得到暂时的恢复,如果上升距离不长,热量还未向周围介质传播扩散,软化作用还在,如果上升距离较长,热量已有一些向周围介质传播扩散,软化作用减弱,这两种情况的共同作用是:但凸模上升,制件底部与凸模脱开,凸模下降冲击或打击了制件,然后再与制件一起下降,制件在后一次拉深时,受到冲击力和拉力共同作用。而冲击力是不利于拉深进行的。上升距离愈大,冲击愈明显,拉深效果愈不好,甚至比不上机械压力机拉深。

(2)模拟分析及实验论证

1)有限元模型和凸模运动曲线

为了研究不同凸模运动轨迹对板料拉深极限性能的影响,观察拉深后制件的厚度减薄率,建立有限元模型的参数如下:板料厚度 1mm,材料为 08Al,圆毛坯直径为 50mm,材料特性见表 4-14,模具结构(图 4-55 所示),有限元模型图 4-56 所示,选取 4 种典型的凸模运动曲线(图 4-57 所示),其中曲线 curve2 代表普通机械压力机凸模运动下降曲线;curve3 表示短台阶下降的凸模运动曲线;其余曲线都代表伺服压力机加载的凸模运动曲线。

2)模拟结果及分析

拉深后工件厚度减薄率分布或危险断面厚度减薄率最小是判断成形能力高低的最重要指标之一。以 x 为设计点,在此即为危险断面处。x 满足约束条件:

$$\max\Delta t \leqslant n_1 t_0 \quad (4\text{-}74)$$

式中 Δt 是板料减薄量,n_1 是最大减系数,t_0 是板料原始厚度。

将拉深后工件沿母线方向设置 9 个测量点,图 4-58 所示,图 4-59 是分别在压边力在

500N,1000N,1500N下对应 4 种凸模运动曲线拉深后工件的厚度减薄率,从中看出,短台阶下降的凸模运动曲线使工件厚度减薄率最小,说明短台阶下降的凸模运动曲线最因为安全可靠。

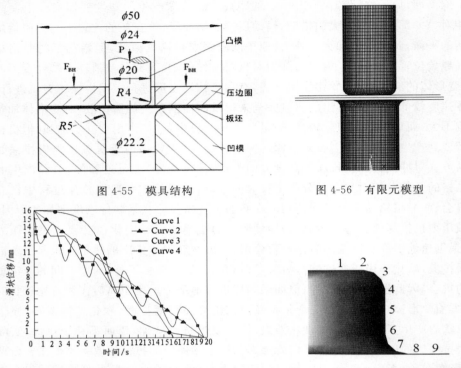

图 4-55　模具结构

图 4-56　有限元模型

图 4-57　种薄板拉延加载的滑块运动特性曲线

图 4-58　拉延件测量点位置示意图

3)实验论证

　　为了论证模拟结果的可靠性,采用在伺服压力机上试验,模具和机床如图 4-60 所示,模具参数和加载的凸模运动曲线与模拟的相同,图 4-61 和图 4-62 是拉深后工件,实验结果显示,拉深深度设置 14mm,时,加载 curve1,curve2 ,curve4 这三种凸模运动曲线,拉深件均发生破裂,而加载 curve3 则没有发生破裂,实验结果与模拟结果吻合,说明短台阶下降的凸模运动曲线是可靠的。

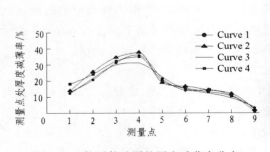

图 4-59　拉延件壁厚的厚度减薄率分布

图 4-60　试验装置

图 4-61　拉深后工件

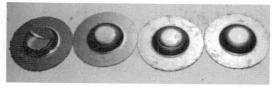

图 4-62　拉深后工件

以上分析得出：伺服压力机滑块运动速度和位移曲线对板料拉深会产生不同的拉深效果，变形速度通过温度因素影响着金属的软化，进而影响金属的塑性，伺服压力机滑块运动变化速度和位移曲线要满足小变形小位移，又要满足热量未向周围介质传播扩散和晶格错动及原子间的距离在拉深过程中得到暂时的恢复，同时要使得制件不能受到过大的冲击力。因此，伺服压力机滑块下降台阶式运动曲线是较理想的一种拉深曲线，能够使拉深件危险断面厚度最大，厚度减薄率最小，提高了板料极限成形能力，是一种值得推广应用的拉深设计方法。

3. 带工艺孔的板坯拉深模具设计

带工艺孔的板坯拉深模具设计实际上就是拉深前，先在板坯外缘沿周边预先加工出工艺孔再进行拉深的方法，这种方法也能极大地提高板料成形性能。

（1）成形机理分析

相当数量拉深件的板坯外缘是作为工艺辅助边用的，或者其展开形状外缘再增加一定宽度的工艺辅助边，工艺辅助边参与拉深变形并在拉深完成后切除（图 4-63），压边力太小或太大，工艺辅助边起皱或拉深件壁部拉裂，压边力合适，工艺辅助边增厚。

图 4-64 是拉深时应力应变状态，图中的 σ_1 和 σ_2 及 σ_3 分别为径向拉应力和厚度方向压应力及周向压应力，ε_1 和 ε_2 及 ε_3 分别为径向和厚度方向及周向应变。拉深时，凸缘变形区外缘

图 4-63　杯形件和毛坯及冲切后的工艺辅助边

上的单元体 S_1（图 4-65）受到径向拉应力 σ_1 时，其周向的材料是指向此单元体的，单元体受到周向压应力 σ_3 的同时，也受到了由压边圈等产生厚度方向的压应力 σ_2，但单元体受到周向压应力远大于径向拉应力及厚向压应力，三者关系是：$|\sigma_3| > |\sigma_1| > |\sigma_2|$，由体积不变条件，$\varepsilon_1 + \varepsilon_2 + \varepsilon_3 = 0$，所以单元体在厚度方向是增厚的（$\varepsilon_2$ 为正应变），并使凸缘变形区外缘厚度方向发生堆积并起皱。拉深过程就是将板坯凸缘部分材料逐渐转移到壁部的过程，在转移的过程中，单元体 S_1 上由凸模的产生径向拉应力 σ_1 要克服作用在其上的周向压应力 σ_3 和由于压边力（轴向压应力 σ_2）所产生的板坯与压边圈、板坯与凹模上平面之间产生的摩擦

阻力 τ(上下面均有),而成为拉深件壁部单元体 S_2。拉深孔由于可储存润滑油,减弱了摩擦阻力 τ,而使拉应力有所减小,提高了抗破裂能力。图示 4-66 表示拉深时应力变化,凸缘变形区最外缘上的单元体受到的周向压应力 σ_3 最大,厚度堆积最厚,刚性压边圈压住的是板坯最外端,板坯内缘几乎不受摩擦阻力影响,所以,采用凹模与板坯接触面上打孔对提高板坯成形极限能力的效果是有限的。

如果在板坯外缘部分(或工艺辅助边内)沿周边打上距离非常近或均布的工艺孔(图 4-67),并设孔与孔之间的就是一个单元体,那么该单元体在拉深时由于两侧都是工艺孔,不会产生向此单元体堆积过来的由材料所产生的周向压应力,增厚现象削弱或消除,只需要克服摩擦阻力,而摩擦阻力比周向压应力要小得多,因而使所需要的拉应力下降,抑制了板坯成形中破裂,提高了拉深件壁部的承载能力。

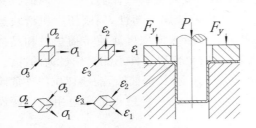

图 4-64　拉深时应力应变状态

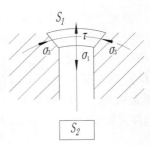

图 4-65　凸缘上小单元体变形

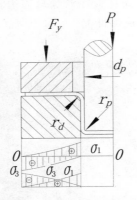

图 4-66　拉深时应力变化

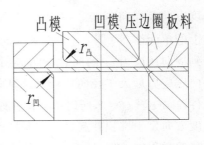

图 4-67　带工艺孔板坯

(2)有限元模拟及结果分析

1)有限元模型

盒形件拉深成形过程如图 4-68 所示,包括凸模、凹模和压边圈及板坯,具体尺寸如下:凸模圆角半径 $R_1 =$ 6mm、凹模圆角半径 $R_2 = 6.5$mm、凸模截面尺寸为 137.8mm×237.8mm、凹模截面尺寸 140mm×240mm,盒形件角部圆角半径 $r = 19.6$mm。

图 4-69 是有限元模型,其中:图 4-69(a)中的板坯是

图 4-68　盒形件拉深示意图

打工艺孔的,工艺孔要求相邻两孔边缘,孔边缘与板坯边缘距离合适,保证工艺孔在拉深时不至于被拉裂,取工艺孔直径6mm,两孔中心距14mm,孔中心与板坯边缘距离13mm;②图4-69(b)是在凹模上打工艺孔,工艺孔打在板坯拉深阻力较大如圆角处,且打的孔足够致密,取孔直径3mm,两孔中心距在周向与径向均为6mm;③图4-69(c)不打孔板坯的拉深;④图4-69(d)是多点分块压边,压边圈分成圆角处与短直边及长直边共8个。采用ANSYS分析软件的ANSYS/LS-DYNA模块建模和求解,并在LS-PREPOST下完成处理分析。有限元模型选用 SHELL163 和 BWC(Belytschko-Wong-Chiang)算法单元及面面接触(Surface to Surf|Forming)类型,并对凸、凹模圆角处网格细化并进行网格检查。坯料08Al,厚度$t=1mm$,特征见表4-14。

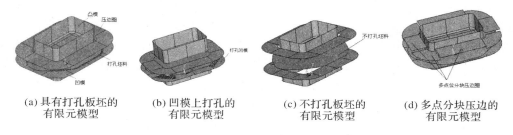

(a) 具有打孔板坯的　　(b) 凹模上打孔的　　(c) 不打孔板坯的　　(d) 多点分块压边的
　　有限元模型　　　　　有限元模型　　　　　有限元模型　　　　　有限元模型

图 4-69　有限元模型

2)结果分析

设工件与模具之间的摩擦系数$\mu=0.1$,模拟速度取$v=2m/s$,压边力$F_q=Aq$(6),式中:F_q表示压边力(N),A表示压边接触面积(mm^2),q表示单位压边力(MPa),模拟结果见表4-15和图4-70的拉深后FLD图。

表 4-15　模拟结果

有限元模型	压边形式	压边力/kN	拉深高度/mm	危险断面处厚度 t/mm	危险断处厚度减薄率 Δt/%	成形质量
a	刚性压边	80 25	14	0.8074 0.8529	19.26 14.73	没有破裂和起皱,图9e 没有破裂和起皱,图9e1
b	刚性压边	80 25	14	0.7718	22.83	有应变点进入临界区,图9f 起皱
c	刚性压边	80 25	14	0.7666	23.34	有应变点进入临界区,图9g 起皱
d	分段压边	20(长直边处) 10(短直边处) 5(圆角处)	14	0.8494	15.10	没有破裂和起皱,图9h

表4-15得知,压边力80kN,拉深至14mm,比较打孔板坯和凹模上打孔及不打孔板坯的拉深情况打孔板坯拉深后制件危险断面处厚度最大而厚度减薄率最小,应变点都在安全区内(图4-70(e)),凹模上打孔及不打孔板坯两种工艺,都有应变点落入临界区内(图4-70(f),(g)),出现废品率极高。压边力25kN,凹模上打孔及不打孔板坯拉深发生起皱,而打孔板坯拉深情况优于多点分块压边拉深(图4-70(e1),(h)),是所有拉深工况中质量最好的。

图4-71是盒形件实际拉深结果,板坯不打孔拉深,加载的压边力86kN,拉深高度约

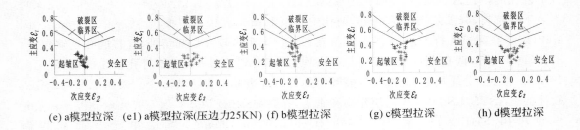

(e) a模型拉深　　(e1) a模型拉深(压边力25KN)　(f) b模型拉深　　　　(g) c模型拉深　　　　(h) d模型拉深

图 4-70　拉深后 FLD 图

53mm,拉深件起皱(图 4-71a),而将压边力提高到 103kN 时,才能将起皱消除,然而发生了拉裂现象(图 4-71(b)),采用打孔板坯拉深时,取较小的压边力 67kN 时,没有发生起皱和拉裂(图 4-71(c),(d)),虽然拉深件打孔处法兰有轻微翻卷,主要原因是试验时是用台钻钻孔,在板坯上留下了大小不一的毛刺,造成拉深过程中刚性压边圈不能稳定的压边。实际大批量冲压生产中可用落料和冲小工艺孔复合工序的方法,冲孔后的毛刺十分微小,对拉深的影响甚微或者没有影响,而且落料和冲小孔的复合模具设计制造并不困难。

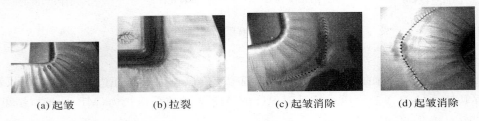

　　(a) 起皱　　　　　(b) 拉裂　　　　　(c) 起皱消除　　　　(d) 起皱消除

图 4-71　拉深结果

图 4-72　是圆板毛坯拉深结果,图 4-73 是拉深装置。

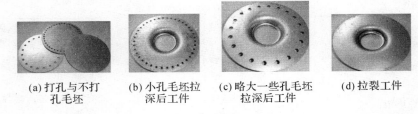

　(a) 打孔与不打　　(b) 小孔毛坯拉　　(c) 略大一些孔毛坯　　(d) 拉裂工件
　　孔毛坯　　　　　深后工件　　　　拉深后工件

图 4-72　试验毛坯与拉深件

　　以上分析得出:(1)板坯外缘打工艺孔的拉深方法能极大地提高板料的成形性能,与凹模上打孔及板坯上不打孔的工艺方法相比,在提高极限拉深高度、增大危险断面处厚度、减小危险断面处厚度减薄率和降低压边力及拉深力方面更具优势;(2)这种工艺方法不需要改变模具设计参数或现有的压力机结构,充分利用了工艺辅助边拉深中参与变形及拉深后裁剪去除的条件,因而不会影响冲压件形状和尺寸精度。

　　以上的例子说明,材料的变形潜力是很大的,关键在于通过适当的变形方式和变形条件来充分调动它。深刻认识材料变形的规律,有助于更好地达到拉深生产目的。此种方法也是一种值得推广应用的拉深工艺。

图 4-73　拉深装置

三、拉深模主要零件的制造

1. 凸模的制造

拉深模的制造基本和冲裁模类似。拉深模的凸模在制造过程中注意事项有：(1)凸模与毛坯接触部分的粗糙度要求比凹模与毛坯接触部分的粗糙度低一些，如果凸模和凹模的粗糙度加工了相同的粗糙度，则毛坯拉深时，板料与凸模会产生相对滑移，不利于拉深；(2)圆形凸模的气孔位置在凸模的圆心即可，对于非规又比较大的尺寸的凸模，要加工多个气孔，以利于排气(图 4-74)。

(a) 圆形凸模　　　　　　　　　　　　　(b) 非规则形状凸模

图 4-74　排气孔的加工要求

2. 凹模的制造

拉深模的凹模如果在凹模与板料接触处的表面上加工小孔(一般孔的直径视凹模大小为 $\phi1.8mm\sim10mm$，见图 4-11)，孔口必须要倒成光滑的圆角，否则即使在拉深时注入润滑油，孔口可能会有残存毛刺划伤坯料表面，同样会阻碍拉深。分析表明：(1)在同心圆上沿等分数稀的径向辐射线方向均布拉深孔时，无论拉深孔的孔径较大($d=3.8mm$)或较小($d=1.8mm$)，极限拉深高度与无拉深孔凹模的相似，拉深件厚度减薄率比无拉深孔凹模拉深的更大或类似；(2)拉深孔在杯形件拉深凹模压料面上理想排列位置是位于与金属流动方向或板料受到的摩擦阻力方向一致的径向辐射线上，且在同心圆上均布，辐射线等份数愈多，同心圆愈密集，拉深孔径愈小，则愈能提高极限拉深高度。然而，在凹模压料面上流动阻力极大的过渡区域内加工孔及孔口倒圆毕竟比较费时且加工后难以修改。所以，为了减轻机械加工的工作量，可在凹模圆角区加工拉深小孔，由于是在斜面上，所以要加注是固体润滑剂，孔口同样必须倒角，如此，效果同样不错，拉深效果与凹模平面上加工拉深孔的情况类似（图 4-75）。

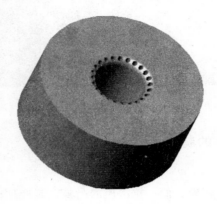

图 4-75　凹模圆角上打孔

第五章　其他板料成形模具设计与制造

其他板料成形工艺是指除了弯曲、拉深以外的成形工艺,如胀形、翻边、扩口、缩口、校平和整形等。这些工艺使材料产生局部塑性变形,并改变毛坯的形状和尺寸,从而获得所需要的冲压零件。

第一节　胀形模设计与制造

胀形是指利用模具对板料施加压力,使变形区内的板料厚度减薄而表面积增大,以获得零件几何形状的成形工艺。胀形可用刚模胀形、橡胶模胀形和液压胀形等不同方法来实现。采用平板毛坯的局部胀形可在平板毛坯上压出各种形状,如图 5-1 上的压加强肋、压凹坑、压花、压标记的冲压件。再如汽车车身零件上压制加强肋,平板毛坯通过局部胀形,提高了零件的刚度和强度,同时又可起装饰和定位作用。

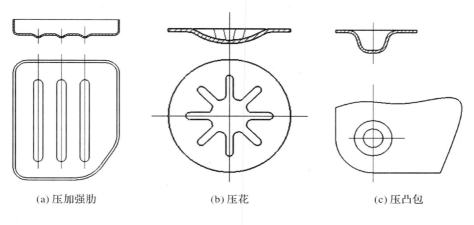

(a) 压加强肋　　　　　　(b) 压花　　　　　　(c) 压凸包

图 5-1　起伏成形

一、胀形变形特点

如图 5-2 所示,在凸模力 F 的作用于下,变形区内的板料金属处于径向 σ_1 和切向 σ_3 两向拉应力状态(不计板厚方向 σ_2 的应力)。其应变状态是径向 ε_1 和切向 ε_3 受拉,厚向 ε_2 受压的三向应变状态。其失效形式是拉裂。材料的塑性愈好,硬化指数愈大,则极限变形程度就愈大。

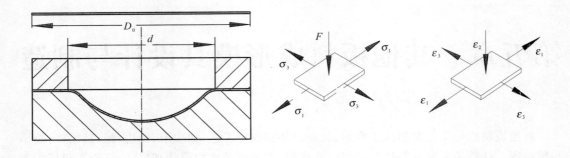

图 5-2　胀形变形 F

二、平板毛坯的胀形条件及极限变形程度

1. 单个加强肋胀形压制时的极限变形程度（图 5-3）

加强肋能够一次成形的条件为：

$$\varepsilon_P = \frac{l-l_0}{l_0} \leqslant (0.7-0.75)\delta \tag{5-1}$$

式中　δ——材料单向拉伸的延伸率（%）；

　　　　l_0——胀形成形前原始材料长度；

　　　　l——胀形成形后加强肋的曲线轮廓长度；

　　　　ε_P——许用断面变形程度。

如果计算结果不能满足上述条件，则应增加工序（图 5-4）。D 或 R 及 h 等前面的取值视肋的形状而定，半圆肋取大值，梯形肋取小值。加强肋的形状和尺寸如表 5-1 所示。

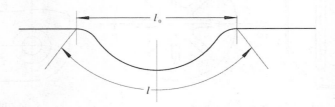

图 5-3　起伏成形前后材料长度

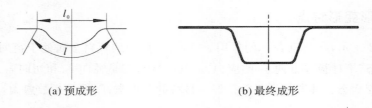

（a）预成形　　　　　　　　　　　　（b）最终成形

图 5-4　两道成形工序的加强肋

表 5-1　加强肋的形状和尺寸

名称	简图	R	h	D 或 B	r	α
压肋	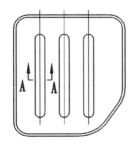	$(3\sim4)t$	$(2\sim3)t$	$(7\sim10)t$	$(1\sim2)t$	—
压凸		—	$(1.5\sim2)t$	$\geqslant 3h$	$(0.5\sim1.5)t$	$15°\sim30°$

2. 多个加强肋胀形压制时的可行性补充条件

在冲压件产品生产中,有许多零件的加强肋都不止一条,如为了使汽车覆盖件(图 5-5)等有足够的强度与刚度,大多数金属板壳件需设置一条以上的加强肋,而依赖于单加强肋胀形的计算式来分析多加强肋薄板胀形件,并不能准确预测其起皱和破裂。

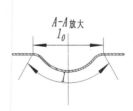

图 5-5　汽车覆盖件

多加强肋胀形时,各加强肋之间的材料本身有相互牵制作用,再加上冷作硬化现象,材料的流动比单个加强肋胀形要困难得多,所以多加强肋并不像单个加强肋那样可分几次完成胀形,而是要求一次性完成胀形成形,多加强肋形状和尺寸设置不当易导致胀形失效。

确定多加强肋胀形极限变形条件时,首先要保证其各单个加强肋能一次成形,即胀形后不发生破裂,而且,为确保多个加强肋的一次胀形能顺利进行,还应保证各个加强肋之间的材料不发生破裂,由此可提出多加强肋胀形可行性的补充运算条件。为简化起见,假设多加强肋中每一个加强肋的断面形状和尺寸都相同,如图 5-6 所示,Ⅰ 区为多加强肋中的一个加强肋,Ⅱ 区为两个相邻加强肋之间的区域(将其视作一个反向加强肋)。

对于加强肋 Ⅰ 区的胀形,可由式(5-1)推得:
$$\varepsilon_{p1}=(l_1+2l_2-l_0)/l_0<(0.7-0.75)\delta \tag{5-2}$$

而对于视作反向加强肋的 Ⅱ 区,同样可由式(1)得:
$$\varepsilon_{p2}=(l_3+2l_2-l_4)/l_4<(0.7-0.75)\delta' \tag{5-3}$$

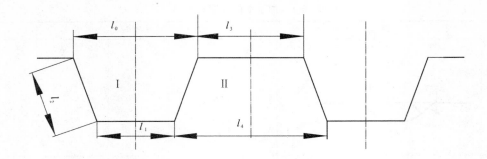

图 5-6　多加强肋的断面尺寸示意

由图 5-6 可知 $l_4 = (l_0 + l_3 - l_1)$。

受两侧加强肋的强烈牵制和加工硬化的影响，Ⅱ区许用变形程度较Ⅰ区小，即多加强肋胀形时应满足 $\varepsilon_{p2} < \varepsilon_{p1}$，由式(5-2)和式(5-3)简化可得：

$$l_1 < l_3 \quad \text{或} \quad l_0 < l_4 \tag{5-4}$$

在忽略凸模形状、润滑条件等因素外，式(5-3)或(5-4)便是多加强肋一次胀形可行性的补充判据。而且，多加强肋胀形时，Ⅰ区与Ⅱ区间的金属流动受两区的牵制作用大，故变形程度要求更要严格，除必须满足式(5-3)或(5-4)外，l_1 与 l_3 或 l_0 与 l_4 相差越大，则胀形安全程度越高。为了说明多加强肋胀形可行性补充判据的作用，来判断多加强肋胀形是否破裂，仍采用在其危险断面(位于加强肋底部靠近凸模圆角)处的厚度减薄率为标准来判断成形质量，厚度减薄率过大，说明容易出现破裂失效。

（1）多加强肋胀形件的有限元建模

1）多加强肋胀形件的模型

在此构建三种加强肋胀形件，加强肋形式为单加强肋、近距分布多加强肋和远距分布多加强肋，分别如图 5-7(a)、图 5-7(b)和图 5-7(c)所示。

由式(5-2)和式(5-3)可得，图 5-7(a)中Ⅰ区的 $\varepsilon_p = 0.307$，满足 $\varepsilon_p < [\varepsilon_p]$；图 5-7(b)Ⅰ区 ε_{p1} 与图 5-7(a)Ⅰ区的 ε_p 相等，图 5-7(b)Ⅱ区 ε_{p2} 为 0.443，不满足 $\varepsilon_{p2} < [\varepsilon_p]$；图 5-7(c)中Ⅰ区 ε_{p1} 与图 5-7(a)ε_p 相等，图 5-7(c)Ⅱ区 ε_{p2} 为 0.19，满足 $\varepsilon_{p2} < [\varepsilon_p]$。另外，还可以得出，图 5-7(b)中加强肋尺寸不满足 $l_0 < l_4$，图 5-7(c)满足 $l_0 < l_4$。

2）多加强肋胀形件的有限元模型和模拟条件

图 5-8(a)、图 5-8(b)、图 5-8(c)分别为三种加强肋胀形件的有限元模型。

坯料设为 08Al，厚度为 1mm，材料特性见表 4-14，另外，设工件与模具之间的摩擦系数 $\mu = 0.1$。由于一般胀形板材对胀形速度并不敏感，在实际胀形试验中，凸模的下降速度较低，接近于准静态成形过程，但数值模拟时需要采用虚拟速度或虚拟质量来提高计算效率，为兼顾胀形时准静态过程、模拟效率和模拟精度的要求，凸模的虚拟下降速度取为 2000mm/s。加载的压边力按所给方法计算。

3）数值模拟结果分析

坯料 08Al 的许用胀形变形程度 $[\varepsilon_p] = 0.315 \sim 0.3375$，设 $[\varepsilon_p]$ 为 0.32。图 5-7(a)和 5-7(c)断面形状的胀形变形程度满足 $\varepsilon_p < [\varepsilon_p]$，可胀形成功；图 5-7(b)中 $\varepsilon_{p2} > [\varepsilon_p]$，中心距较小的多加强肋胀形时很可能破裂。

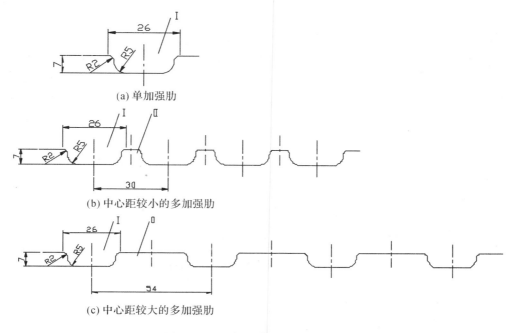

(a) 单加强肋

(b) 中心距较小的多加强肋

(c) 中心距较大的多加强肋

图 5-7　三种加强肋的断面尺寸示意

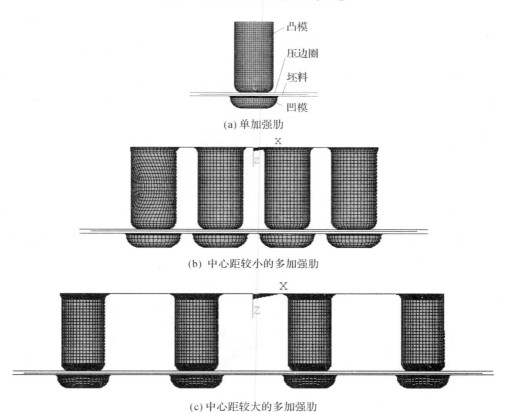

(a) 单加强肋

(b) 中心距较小的多加强肋

(c) 中心距较大的多加强肋

图 5-8　三种加强肋的有限元模型

  图 5-9 是三种加强肋胀形后厚度减薄率分布的模拟结果。可见,图 5-7(a)的单加强肋和图 5-7(c)中心距较大的多加强肋胀形后危险断面处厚度减薄率在 30％之内,而图 5-7(b)所示中心距较小的多加强肋胀形后危险断面处厚度减薄率已接近 30％。对于板料成形,一般认为减薄率在 30％以内是可行的,否则易出现成形失效。厚度减薄率模拟结果表明图 5-7(a)和图 5-7(c)所示制件形状可一次胀形成形,而断面如图 5-7(b)所示的制件胀形后极可能发生破裂。

  图 5-10 是三种加强制件胀形后的 FLD 图。图 5-10(a)和 5-10(c)的 FLD 图对应于图

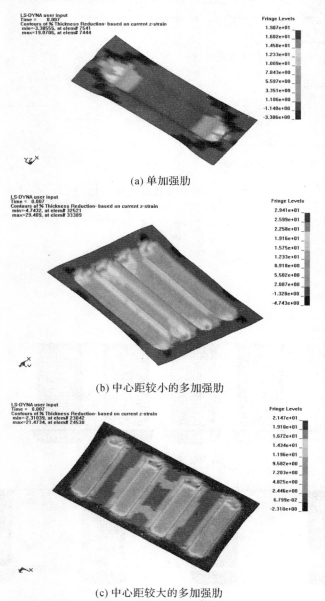

(a) 单加强肋

(b) 中心距较小的多加强肋

(c) 中心距较大的多加强肋

图 5-9 三种模型胀形后的厚度减薄率分布

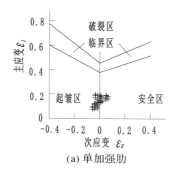

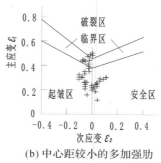

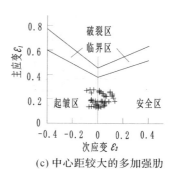

(a) 单加强肋　　　　　　(b) 中心距较小的多加强肋　　　　(c) 中心距较大的多加强肋

图 5-10　三种加强肋胀形后 FLD 图

5-7(a) 和 5-7(c) 的制件形状，可见，它们胀形后所有应变点都落在了安全区内，表明这两种加强肋是可以一次胀形成形的。而图 5-10(b) 对应于图 5-7(b) 的制件形状，有相当数量的应变点落在了破裂区，因此胀形后的制件极可能是破裂的而成为废品。

分析得出：根据单加强肋胀形极限变形条件推导出多加强肋胀形可行性的补充判据，运用有限元分析软件 ANSYS/LS-DYNA 对三种形式加强肋胀形进行数值模拟，厚度减薄率和 FLD 模拟结果与多加强肋胀形可行性补充判据相吻合，验证了补充判据的可行性与可靠性。证明了多加强肋一次胀形成功的关键在于肋与肋之间的距离必须满足一定的尺寸条件。所以设计多加强肋胀形前，要根据计算式简单计算并判断后再进行模具设计。

3. 压凸包

从带凸缘圆筒件拉深可知，当毛坯直径为筒部直径的 3 倍时，由于凸缘材料切向压缩变形阻力增加太大而使凸缘上的材料基本上不能流入凹模内形成圆筒部分。这时，圆筒部分只能靠凸模下面的材料在两向拉应力作用下厚度变薄、表面积增大而形成。因此，图 5-11 中零件的外径 D_0 与凸模直径 d_p 之比 $\dfrac{D_0}{d_p}$，可用于判别冲压成形的方式。当 $\dfrac{D_0}{d_p} < 3$ 时，冲压成形以拉深变形的方式进行。$\dfrac{D_0}{d_p} > 3$ 则是实现胀形变形的条件。压凸包的许用高度 h_p，对软钢：$\leqslant (0.15 - 0.2)d_p$，对铝：$\leqslant (0.1 - 0.15)d_p$，对黄铜：$\leqslant (0.15 - 0.22)d_p$。

4. 空心坯料胀形

空心坯料的胀形主要依靠材料的切向拉伸，胀形系数用 K 表示（图 5-12），

$$K = \frac{d_{max}}{D} \tag{5-5}$$

式中　　D——原始坯料直径；

　　　　d_{max}——胀形后零件最大直径。

胀形系数 K 和材料延伸率 δ 的关系为 $\delta = \dfrac{d_{max} - D}{D} = K - 1 \tag{5-6}$

或

$$K = \delta + 1 \tag{5-7}$$

由上式可看出，坯料的变形程度受到了材料的延伸率限制，因此，只要知道材料的延伸率就可按上式求出相应的极限胀形系数。表 5-2 列出了一些材料极限胀形系数和材料的许用延伸率。

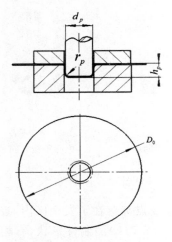

图 5-11　压凸包

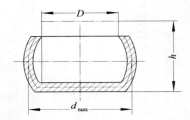

图 5-12　胀形前后尺寸变化

表 5-2　材料极限胀形系数和材料的许用延伸率

材料	厚度（mm）	极限胀形系数 K_p	材料的许用延伸率 δ_p
低碳钢 08F	0.5	1.20	0.20
10，20	1.0	1.24	0.24
不锈钢	0.5	1.26	0.26
1Cr18Ni9Ti	1.0	1.28	0.28

三、胀形成形的冲压力计算

压制加强肋时所需的冲压力 F 按下式估算：

$$F = KLt\sigma_b \tag{5-8}$$

式中　L——加强肋周长（mm）；

　　　σ_b——材料的强度极限（N/mm²）；

　　　t——板厚（mm）；

　　　K——系数，取 0.7～1，肋窄而深时取大值。

肋形所需冲压力 F 也可按下式经验估算：

$$F = KAt^2 \tag{5-9}$$

式中　A——局部胀形面积（mm²）；

　　　K——系数，钢料：$K = 200 \sim 300$N/mm⁴；铜、铝：$K = 150 \sim 200$N/mm⁴；

　　　t——板厚（mm）。

四、胀形模具设计与制造

胀形方法一般分为刚性模具胀形和软模胀形两种。图 5-13 为刚性模具胀形，利用锥形芯块 4 将分瓣凸模 2 顶开，使工序件胀出所需的形状。分瓣凸模的数目越多，工件的精度越好。这种胀形方法的缺点是很难得到精度较高的旋转体，变形的均匀程度差，模具结构复杂。

图 5-14 是柔性模胀形,其原理是利用橡胶(或聚氨酯)、液体、气体或钢丸等代替刚性凸模。软模胀形时材料的变形比较均匀,容易保证零件的精度,便于成形复杂的空心零件,所以在生产中广泛采用。图 5-15 是液压胀形的一种,胀形前要先在预先拉深成的工序件内灌注液体,然后在凸模的压力下将工序件胀形成所需的零件。由于工序件经过多次拉深工序,伴随有冷作硬化现象,故在胀形前应该进行退火,以恢复金属的塑性。

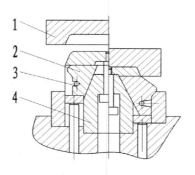

1. 凹模　2. 分瓣凸模　3. 拉簧　4. 锥形芯块
图 5-13　刚性模具胀形

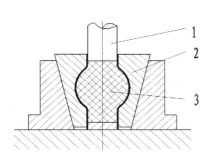

1. 凸模　2.分块凹模　3. 橡胶
图 5-14　橡胶柔性模胀

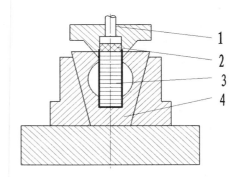

1. 柱塞　2. 橡胶　3. 液体　2. 凹模
图 5-15　液体柔性模胀

第二节　翻边模设计与制造

　　翻边是在模具的作用下,将坯料的孔边缘或外边缘冲制成竖立边的成形方法。根据坯料的边缘状态的应力和应变状态及模具间隙的不同,翻边可以分为内孔翻边和外缘翻边,也可分为伸长类翻边和压缩类翻边或可分为不变薄翻边和变薄翻边。图 5-16 均为翻边后的零件。

一、圆孔翻边

1. 圆孔翻边的变形特点
　　在平板毛坯或空心半成品上将预先冲好的圆孔弯出直的圆筒形周边的翻边称圆孔翻边。如图 5-17 所示。在要进行翻边的平板毛坯上先画出网格,即画出与圆心同心且圆周线

(a) 内孔翻边　　　　　　(b) 内缘翻边　　　　　　(c) 外缘翻边

图 5-16　为翻边后的零件

等距的若干同心圆,并过圆心作夹角相等的若干条射线的扇形网格(图 5-17(a))。翻边后平面凸缘网格不变,说明平面凸缘处没有变形,而翻边处的网格由扇形网格变成了曲面上矩形网格,如图 5-17(b)所示。说明在坯料变形区受到切向拉应力 σ_3 和径向拉应力 σ_1 作用(图 5-18),并产生切向拉应变 ε_3 和径向拉应变 ε_1,根据同心圆间的距离基本上不变的事实可

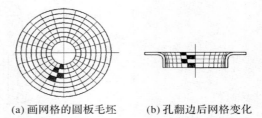

(a) 画网格的圆板毛坯　　(b) 孔翻边后网格变化

图 5-17　圆孔翻边变形

知:翻边时材料在径向所受的拉应力 σ_1 和产生的变形 ε_1 不大。变形区的应力与应变分布如图 5-19 所示,从图可知,翻边时筒边口部处于切向单向受拉(σ_3)的应力状态,而筒形边中间部分则为径向、切向双向受拉(σ_1、σ_3)的应力状态(板厚方向应力 σ_2 可忽略)。圆孔翻边时切向拉应力 σ_3 是最大主应力,切向拉应变 ε_3 为最大主应变。翻边时,变形区内材料厚度要变薄,在筒形边口部变薄最严重,最容易产生裂纹。

内圆孔翻边变形的特点是:变形区材料处于单向拉伸或双向拉伸的应力状态,在切向方向的伸长变形大于径向方向的压缩变形,因而材料厚度变薄;这种翻边属于伸长类翻边。

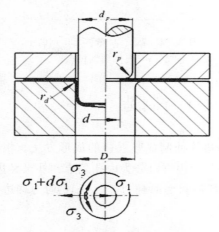

图 5-18　圆孔翻边变形区应力状态

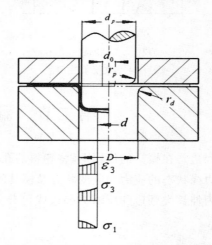

图 5-19 圆孔翻边变形区应力应变分布

2. 翻边系数

圆孔翻边变形程度的大小用翻边系数 K 表示

$$K = \frac{d_0}{D} \qquad (5\text{-}10)$$

式中　d_0——翻边前预制孔径；

　　　D——翻边后平均孔径（以板厚中线计量）。

翻边系数描述了翻边的变形程度，显然 K 值越大，变形程度越小；K 值越小，变形程度越大。为了使口部不产生裂纹，翻边系数不能过小。

影响极限翻边系数的主要因素有：

（1）材料的种类及其力学性能

K 值与材料的延伸率 δ 或断面收缩率 ψ 之间的近似关系为：

$$\delta = \frac{\pi D - \pi d_0}{\pi d_0} = \frac{1}{K} - 1$$

或
$$K = \frac{1}{1+\delta} = 1 - \psi \qquad (5\text{-}11)$$

式（5-11）表明，材料的塑性越好，极限翻边系数越小，所允许的变形程度越大。K 值可取小值。翻边时孔口不破裂所能达到的最小翻边系数称为极限翻边系数 K_{min}。

一些钢材的翻边系数见表 5-3，其他材料的翻边系数可查有关设计手册。

当翻出的孔的边壁上有不大的裂纹时，可用 K_{min}；一般情况下采用 K_0。方孔或其他非圆孔翻边时，其值可减少 $10\% \sim 15\%$。

表 5-3　一些钢材的翻边系数

材料名称	翻边系数	
	K_0	K_{min}
软钢 $t = 0.25 \sim 2mm$	0.72	0.68
软钢 $t = 2 \sim 4mm$	0.78	0.75
合金结构钢	$0.80 \sim 0.87$	$0.70 \sim 0.77$
镍铬合金钢	$0.65 \sim 0.69$	$0.57 \sim 0.61$

（2）材料的相对厚度（d_0/t）

翻孔前的孔径 d_0 和材料的厚度 t 的比值（d_0/t）愈小，即材料的相对厚度越大，在撕裂前材料的绝对伸长可以大些，故极限翻边系数相应小些。

（3）预制孔的加工情况及孔的边缘状况

采用钻孔的方法加工翻边前预制孔的表面质量比冲孔的要高，此时可采用较小的极限翻边系数。为了改善孔边缘情况，常用钻孔方法或在冲孔后进行整修。同时为避免因毛刺产生应力集中而降低成形极限，翻边方向应与冲孔方向相反。

（4）凸模形状

凸模工作边缘的圆角半径越大，如成为球形或抛物线形，对翻边变形越有利。因为圆角半径大时，翻边孔是圆滑地逐渐胀开边缘，变形均匀，被撕裂的可能性减小。故极限翻边系数相应可取小些。

表 5-4 为低碳钢的极限翻边系数。从表 5-4 中可以看出：凸模型式、孔的加工方法及材料相对厚度对极限翻边系数均有影响。

表 5-4   低碳钢板的极限翻边系数

翻边凸模形状	孔的加工方法	材料相对厚度(d_0/t)										
		100	50	35	20	15	10	8	6.5	5	3	1
球形凸模	钻后去毛刺	0.7	0.6	0.52	0.45	0.4	0.36	0.33	0.31	0.3	0.25	0.2
	冲孔	0.75	0.65	0.57	0.52	0.48	0.45	0.44	0.43	0.42	0.42	—
圆柱形凸模	钻后去毛刺	0.8	0.7	0.6	0.5	0.45	0.42	0.4	0.37	0.35	0.3	0.25
	冲孔	0.85	0.75	0.65	0.6	0.55	0.52	0.5	0.5	0.48	0.47	—

(5)翻边孔的形状

非圆形孔的极限翻边系数小于圆形孔的极限翻边系数。

3. 圆孔翻边的工艺计算

(1)平板毛坯一次翻孔成形的预制孔径 d_0 和高度 H

当 $K=\dfrac{d_0}{D}>K_{\min}$，或 $H<H_{\max}$ 可在制孔后一次翻边成形。由于翻边时径向变形不大，翻边前的孔径 d_0 可以按弯曲件中性层长度不变的原则近似计算。实践证明，这种计算方法误差不大。在图 5-20 所示的平板毛坯上翻孔时，d_0 与 H 按下式计算：

$$d_0=D-2(H-0.43r-0.72t) \tag{5-12}$$

$$H=\frac{D-d_0}{2}+0.43r+0.72t=\frac{D}{2}(1-\frac{d_0}{D})+0.43r+0.72t$$

或

$$H=\frac{D}{2}(1-K)+0.43r+0.72t$$

当翻边系数为极限翻边系数 $K_{\min}$ 时，允许的最大翻边高度 $H_{\max}$ 为：

$$H_{\max}=\frac{D}{2}(1-K_{\min})+0.43r+0.72t \tag{5-13}$$

(2)拉深件底部冲孔后再翻边的工艺计算

如果翻边零件翻边高度较高，不能一次翻边成形时，可将平板毛坯采用先拉深，后冲底孔再最后翻边的工艺方法或多次翻边成形的工艺方法。进行工艺计算时先根据 K 值算出可翻边高度 h 和翻边圆孔的初始直径 d_0 及拉深高度 h_1（见图 5-21）。

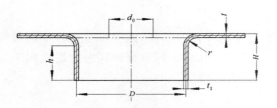

图 5-20 平板毛坯翻孔尺寸计算图

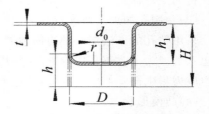

图 5-21 拉深件底部冲孔后翻孔

即：

$$h=\frac{D-d_0}{2}+0.57r \tag{5-14}$$

或

$$h_{\max}=\frac{D}{2}(1-K_{\min})+0.57r \tag{5-15}$$

翻边前的孔径为：

$$d_0 = D + 1.14r - 2h \qquad (5-16)$$

或

$$d_0 = K_{\min} D$$

翻边前的拉深高度则为：

$$h_1 = H - h_{\max} + r + t/2 \qquad (5-17)$$

4. 非圆孔翻边

图 5-22 为非圆孔翻边。非圆孔可分圆角区 Ⅰ 和直边区 Ⅱ 及内凹区 Ⅲ，分别参照圆孔翻边和弯曲及内凹外缘翻边计算。然后作图将各展开线交接处光滑连接起来，由于各部分之间的相互作用，比单纯的翻边或拉深要容易些，所以翻边系数或拉深系数可取小些。

二、外凸外缘翻边

1. 伸长类外缘翻边

伸长类外缘翻边是指沿着具有内凹形状的不封闭外缘翻边，如图 5-23(a)所示。这种翻边的变形情况近似于内孔翻边，变形区主要为切向拉伸。其变形程度可用下式表示。

$$\varepsilon_{\text{凹}} = \frac{b}{R - b} \qquad (5-18)$$

图 5-22　非圆孔翻边

2. 收缩类外缘翻边

收缩类外缘翻边是指沿着具有外凸形状的不封闭外缘翻边，如图 5-24(a)所示。这种翻边的变形情况类似于不用压边圈的浅拉深，变形区主要受切向压应力和径向拉应力作用，因而属于压缩类平面翻边，材料最外边缘处压缩变形最大，容易失稳起皱。其变形程度可用下式表示。

$$\varepsilon_{\text{凸}} = \frac{b}{R + b} \qquad (5-19)$$

以上两式中，R 是制件翻边后零件的圆弧半径；$(R-b)$ 和 $(R+b)$ 是翻边前的毛坯的圆弧半径。

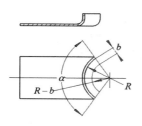

(a)伸长类平面翻边

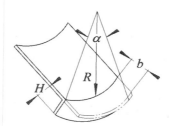

(b)伸长类曲面翻边

图 5-23　伸长类翻边

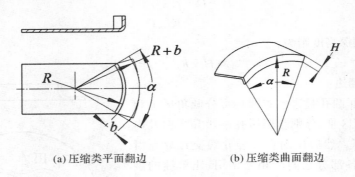

(a) 压缩类平面翻边　　　　　　(b) 压缩类曲面翻边

图 5-24　压缩类翻边

三、翻边模设计与制造

翻边模的结构与拉深模类似，其凸、凹模尺寸计算可参考一般的拉深模的凸、凹模尺寸计算。图 5-25 是内孔翻边件，图 5-26 内孔翻边模。

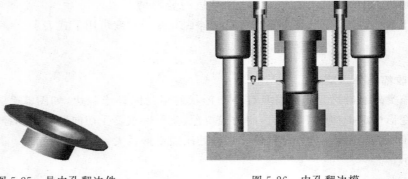

图 5-25　是内孔翻边件　　　　　　图 5-26　内孔翻边模

第三节　缩口模设计与制造

缩口是将管坯或预先拉深好的圆筒形件通过缩口模将其口部直径缩小的一种成形方法。缩口工艺在国防工业和民用工业中有广泛应用，如枪炮的弹壳、钢气瓶等。图 5-27 是部分缩口件。

一、缩口的变形特点

缩口的应力应变特点如图 5-28 所示。在缩口变形过程中，坯料变形区受两向压应力的作用，而切向压应力是最大主应力，使坯料直径减小，壁厚和高度增加，因而切向可能产生失稳起皱。同时在非变形区的筒壁，在缩口压力 F 的作用下，轴向可能产生失稳变形。故缩口的极限变形程度主要受失稳条件限制，防止失稳是缩口工艺要解决的主要问题。缩口的变形程度用缩口系数 m 表示：

图 5-27 部分缩口件

$$m = \frac{d}{D} \qquad (5-20)$$

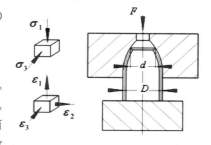

式中 d—缩口后直径；

D—缩口前直径。

由上式看出，缩口系数 m 愈小，变形程度就愈大。缩口系数与材料的种类和厚度及模具结构形式等有关。材料塑性愈好，厚度愈大，缩口系数愈小。此外模具对筒壁有支承作用时，极限缩口系数可更小。平均缩口系数 m_{av} 和许用缩口系数 m_{min} 可查有关手册。

图 5-28 缩口的应力应变特点

二、缩口的工艺计算

1. 缩口次数

若工件的缩口系数 m 小于许用 m_{min} 时，则需进行多次缩口，缩口次数按下式计算：

$$n = \frac{\lg m}{\lg m_{av}} = \frac{\lg d - \lg D}{\lg m_{av}} \qquad (5-21)$$

2. 颈口直径

多次缩口时，各次缩口系数可按下面公式确定：

首次缩口系数 $m_1 = 0.9 m_{av}$ (5-22)

以后各次缩口系数 $m_n = (1.05 - 1.10) m_{av}$ (5-23)

各次缩口后直径：

$$d_1 = m_{av} D$$
$$d_2 = m_{av} d_1 = m_{av}^2 D$$
$$d_3 = m_{av} d_2 = m_{av}^3 D$$
$$d_n = m_{av} d_{n-1} = m_{av}^n D$$

式中 d_n——第 n 次缩口后直径。

缩口后由于回弹，制件要比模具尺寸增大 $0.5\% \sim 0.8\%$。

3. 毛坯高度

缩口时，毛坯高度的计算原则按等体积原则计算。由于在缩口部位料略有增厚，所以缩口后制件的高度可视作毛坯高度。表 5-5 列出了几种毛坯高度的计算公式。

表 5-5　几种毛坯高度的计算公式

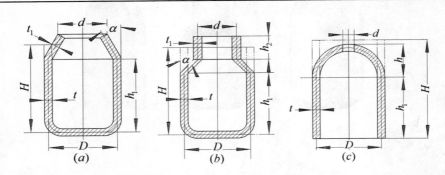

(a)	$H=1.05\left[h_1+\dfrac{D^2-d^2}{8D\sin\alpha}\left(1+\sqrt{\dfrac{D}{d}}\right)\right]$
(b)	$H=1.05\left[h_1+h_2\sqrt{\dfrac{d}{D}}+\dfrac{D^2-d^2}{8D\sin\alpha}\left(1+\sqrt{\dfrac{D}{d}}\right)\right]$
(c)	$H=h_1+\dfrac{1}{4}\left(1+\sqrt{\dfrac{D}{d}}\right)\sqrt{D^2-d^2}$

4. 颈部厚度

缩口后颈部厚度略有增厚,一般是不考虑的。但对于有精度要求的制件,颈部厚度可按下式计算:

$$t_1=t_0\sqrt{\frac{D}{d_1}} \qquad (5\text{-}24)$$

$$t_n=t_{n-1}\sqrt{\frac{d_{n-1}}{d_n}} \qquad (5\text{-}25)$$

式中　t_1——第一次缩口后制件边缘的壁厚;

　　　t_0——制件毛坯的壁厚;

　　　d_1——第一次缩口后制件的颈部直径;

　　　D——制件毛坯的直径;

　　　t_{n-1}、t_n——分别为第$(n-1)$次和第 n 次缩口后制件的壁厚;

　　　d_{n-1}、d_n——分别为第$(n-1)$次和第 n 次缩口后制件的颈部直径。

5. 缩口力

在无支承缩口模上进行缩口时(表 5-5 中的图(a)),其缩口力 F 可用下式计算:

$$F=\beta\left[1.1\pi Dt\sigma_b\left(1-\frac{d}{D}\right)(1+\mu\cot\alpha)\frac{1}{\cos\alpha}\right] \qquad (5\text{-}26)$$

式中　μ——冲件与凹模接触面摩擦因数;

　　　σ_b——材料的抗拉强度,MPa;

　　　β——速度系数,在曲柄压力机上工作时取 $\beta=1.15$。其余符号见表 5-5。

三、缩口模设计与制造

图 5-29 为不同支承方法的缩口模。

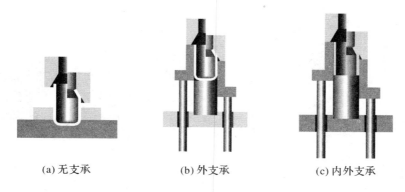

(a) 无支承   (b) 外支承   (c) 内外支承

图 5-29   书馆不同支承方法的缩口模

第四节   非规则成形模设计与制造

在实际生产中,所设计冲压件与相对应的模具并非只有前面介绍的几种,或者设计的模具对冲压件只有一种工序并且是一一对应的。比如弯曲工序所设计弯曲模,拉深工序所设计拉深模等,而更多的是多种工序同时成形完成,但又不同于多工序复合模,多工序复合模是将几种可以组合在一起的工序组合在一起,一次冲压行程中完成,这种组合工序或复合工序也可以分开进行或采用多付模具同样可以完成。如垫圈(图 5-30),可以采用冲孔落料复合模,即落料冲孔一付复合一次冲压完成;也可以采用先冲孔(冲孔模),后落料(落料模)二模具分二次冲压完成。又如图 5-31 或图 5-32 所示的拉深件,可以是落料拉深复合模一次完成落料和拉深工作,也可以先落料(落料模)后拉深(拉深模)二付模具完成。

图 5-30   垫圈   图 5-31   直壁筒形件   图 5-32   带法兰的筒形件

但是对于如图 5-33 所示的汽车空气滤清器安装板此类冲压件,即不全是拉深也不全是弯曲更不全是翻边等,其特点或要求是一次成形完成(除冲孔以外),形状的成形不能分几次成形

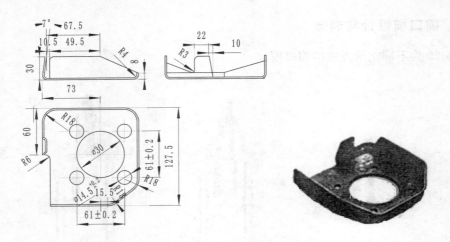

图 5-33　汽车空气滤清器安装板

一、非规则成形件变形特点

如汽车空气滤清器安装板这类成形件由于不能按与拉深或弯曲一一对应设计相应的模具,如一边是直边,类似于弯曲,但又和圆角相连,另有一个角类似于拉深但又有一个缺口,但是却是要求一次成型的,此种类型的冲压件一般称之为成形件,相对应的模具也可称之为成形模。成形时材料流动在直边处可看作是弯曲,而另两个角可视作为浅拉深,是伸长类变形,类似的成形件还有如空气滤清器支架(图 5-34)材料为 08Al 钢,料厚为 3mm,支架原采用两个零件组成,即由空气滤清器底板(图 5-35)和空气滤清器挡板(图 5-36)经焊接而成的,冲压工艺过程为:挡板落料冲孔($2-\phi11-11$mm);

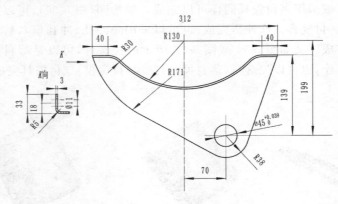

图 5-34　空气滤清器支架

挡板成形;底板落料冲孔($\phi45_0^{+0.039}$ mm)焊接。由于是批量生产,人工焊接水平的差异及焊接应力、应变的变化的不一致性,导致零件的形状和尺寸的不稳定;在装配时,零件的互换性较差。所以要求将两个零件做成一个零件。改进后的冲压工艺:(1)冲孔($2-\phi11-$ 11mm,$\phi45_0^{+0.039}$)和落料;(2)成形,成形时是以 $\phi45_0^{+0.039}$ 孔和毛坯一侧直边的定位销定位。凹弧缘成形是一种以伸长变形为主的变形。凸弧缘成形为压缩类变形。

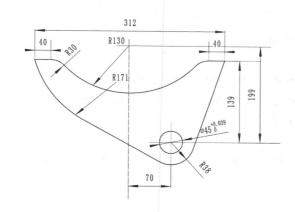

图 5-35　空气滤清器底板

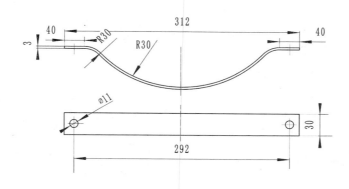

图 5-36　空气滤清器挡板

二、非规则成形件的工艺计算

非规则成形件的成形主要是成形力的计算,但是做不到非常精确的计算,只能是近似的参照相对应的工序来计算,如汽车空气滤清器安装板可按照浅拉深来计算成形力,空气滤清器支架可按照翻边来计算成形力,但空气滤清器支架是生产单件的,不需要对称生产的,就要考虑压力中心的问题,压力中心可按照冲裁时的压力中心计算。包括弹簧压边力,如此才能使模具压力中心与冲床压力中心重合。非规则成形模关键还是毛坯的形状与尺寸比较难确定,一般通过试验几次或多次才能确定毛坯尺寸,有了精确的毛坯尺寸后再设计制造落料模。

三、非规则成形模设计与制造

非规则成形件模具结构相对简单,参照相对应的成形要求进行模具设计。如汽车空气滤清器安装板可按一般的拉深模设计,但由于零件有缺口,所以没有必要开设气孔;空气滤清器支架可按照翻边模设计其结构,在设计模具间隙时:将内凸缘 R 130mm 处翻边视作浅拉深,而浅拉深是属于拉伸类变形,适当增大间隙可减小拉裂的可能性,故取间隙为:

$$Z = t + \Delta + ct \tag{5-27}$$

式中　　t—材料厚度(mm)；

　　　　Δ—材料正偏差(mm)；

　　　　c—增大系数。

而外凸缘 R 30mm 处翻边时由于受到内凸缘 R 为 130mm 处翻边时的切向压应力和直线段弯曲时的切向压应力，所以该处翻边时产生了较大的压缩变形，材料有增厚的可能，应适当减小间隙，所以该处间隙按下式获得：

$$Z=t+\Delta \tag{5-28}$$

对于直线段翻边可视作一般的弯曲，间隙值参照单面弯曲模的凸凹模设计方法。

第六章 冲压模具设计与制造中的相关问题

第一节 计算机模拟技术在冲压模具设计与制造中的作用

许多冲压件尤其是复杂的拉深件,比较难以确定拉深是否可行,但一般都是要求一次性成形,如图 6-1 所示的汽车覆盖件门框,材料 08,料厚 1.1mm,凭经验是比较难以判断一次成形的可能性的,依赖于经验实际是不可靠的,事实,该零件依赖于经验设计制造了模具后,拉裂和起皱非常严重。

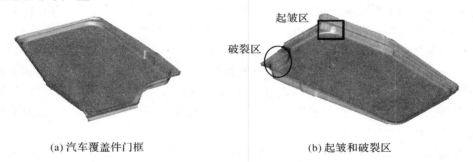

(a) 汽车覆盖件门框   (b) 起皱和破裂区

图 6-1 汽车覆盖件门框和起皱和破裂区

因此,设计此类冲压件或编制冲压工艺前,关键工序首先就要确定是否有成形的可能性,因此,就有必要采用计算机模拟技术来确定拉深的可能性,将模拟结果作为参考,如果拉深破裂,可考虑更换材料,如更换拉深性能更好的材料,或者冲压件结构形状作一些改变。一般情况下,冲压件设计结构作一些改变比较困难,因为所设计的冲压件都是该零件与周边相联接的其他零件空间位置决定了的,修改该零件结构尺寸,则还要修改其他冲压件结构尺寸。所以,模拟的结果是否可靠或者与实际结果是否吻合是一个非常重要的问题。其中模拟结果是否准确,涉及模拟中取的速度是否合适,网格是否划得当等等都是比较关键的。

第二节 板料拉深有限元模拟冲模速度的影响

起皱和破裂是冲压拉深的主要缺陷,模拟预测冲压件是否发生起皱和破裂,一般以冲压件危险断面处(圆角上部)及法兰上的厚度或厚度减薄率大小作为参考依据,由于实际拉深速度一般在为 2~9mm/s 范围,而有限元分析采用这样的速度进行模拟拉深,则计算时间太长而影响模拟效率,但虚拟冲模速度取值偏大又导致由惯性效应引起的网格畸变等问题,因此,板料成形有限元模拟中,冲模(冲头)的虚拟速度的选取一直是其中的难点之一,为了使虚拟速度确定后的模拟结果与实际拉深情况尽量保持一致或对模具设计具有重要的参考价值,经研究认为虚拟速度是实际速度的 1000 倍左右时,模拟结果的相对误差较小,采用是实际冲压速度的 1000 倍左右的虚拟速度是合理的。在确保板料动能占总动能的比值小于 19%,板料减薄率的相对误差小于 3% 时冲模速度的确定方法。因为了说明拉深速度合适的范围,虚拟模拟冲模速度有一个取值范围,在合理的取值范围内取较大的模拟冲模速度,能极大地提高模拟拉深的计算效率。因此,究竟采用何种模拟速度是比较合适的,可采用带凸缘的筒形件为研究对象,确定虚拟模拟速度应以拉深件拉深至极限拉深高度不发生破裂和起皱(或法兰外缘厚度增厚率在一定的范围内),与实际拉深结果是否一致作为判断标准。

一、模拟拉深的主要影响因素

拉深速度对极限拉深系数(或拉深至不发生破裂和起皱的极限拉深高度)的影响不大,只有对速度敏感的金属如钛合金、不锈钢和耐热钢等,拉深速度大时,极限拉深系数应适当地加大,冲压板材大都采用如 08 和 08Al 及 ST14 等较为普通的板材,选用拉深速度较慢的液压机或拉深速度较快的机械式压力机对拉深件产品质量不会产生较大的影响。实际影响冲压件拉深中出现破裂和起皱的因素有:①模具结构参数,如凹模圆角半径;②材料的力学性能,屈服极限,泊松比等;③板料相对厚度;④工作条件,如加载的压边力,板料与压边圈、板料与凹模接触面的摩擦因数等。

模拟拉深中除了上述影响因素外,还有网格单元(数量)和冲模虚拟速度,网格单元划分太少,计算精度不高,但太细太密,计算会给出出错信息,或者精度有所提高,计算时间延长。在压边力不变等条件下,改变冲模虚拟速度,破裂和起皱趋势也会发生变化,从而影响到对模拟结果的分析和判断。

一般认为拉深件拉深后危险断面处厚度减薄率在 30% 之内则拉深件是合格的,这与实际拉深情况比较吻合。起皱趋势可用法兰上增厚率表示,但迄今为止并无一个可参照的量化指标,来表明起皱的严重程度。要使增厚率减小,必须加大压边力,但压边力增大后,破裂趋势又增大,使板料在没有达到其极限拉深高度时就发生了破裂现象,不能反映材料真正的成形能力,如果允许增厚率在较大的一个范围内,又影响了产品的质量,因此,设定增厚率在 3.5% 之内作为合格产品。模拟速度在有限元显式算法中是将是时间变量进行离散的,并采用中心差分法来进行时间积分的,在已知 $0, \cdots, t$ 时间步解的情况下,假设在时间 t 有一时间增量 Δt,在 t 时刻的加速度定义如下

$$a(t_n) = M^{-1}[P(t_n) - F^{int}(t_n)] \tag{6-1}$$

其中,$P(t_n)$ 为第 n 个时间步结束时刻 t_n 结构上所施加的节点外力向量(包括分布载荷经转化的等效节点力);F^{int} 为 t_n 时刻内力矢量,它由下面几项构成:

$$F^{int} = \int_\Omega B^T \sigma d\Omega + F^{hg} + F^{contact}$$

上式右边的三项式依次为:t_n 时刻单元应力场等效节点力(相当于动力平衡方程的内办项)、沙漏阻力(为克服节点高斯积分引起的沙漏问题而引起的粘性力,以及接触力矢量,又其中,B 是单元应变转换矩阵,σ 是单元应力矩阵,Ω 是单元域。

由加速度的中心差分法,可得 $t + \Delta t/2$ 的速度和位移

$$\dot{u}_{t+\Delta t}=\dot{u}_{t-\Delta t/2}+\ddot{u}_t\Delta t_t \tag{6-2}$$

$$u_{t+\Delta t}=u_t+\dot{u}_{t+\Delta t/2}\Delta t_{t+\Delta t/2} \tag{6-3}$$

$$\Delta t_{t+\Delta t/2}=0.5(\Delta t_t+\Delta t_{t+\Delta t}) \tag{6-4}$$

由式(6-2)和(6-3)及(6-4)实现在初始几何状态$\{x_0\}$上增加位移增量来改变几何形状

$$x_{t+\Delta t}=x_0+u_{t+\Delta t} \tag{6-5}$$

对于板壳单元时间增量 Δt

$$\Delta t \leqslant \mu'L\left[\frac{\rho(1+\mu)(1-2\mu)}{E(1-\mu)}\right]^{1/2} \tag{6-6}$$

式中　L—单元特征长度；

　　　E—弹性模量；

　　　μ—泊松比；

　　　ρ—质量密度；

　　　μ'—常数，通常根据计算的稳定性不确定，一般取 1。

二、有限元模型构建

1. 有限元模型建立

有限元模型建立根据拉深圆筒形的模具尺寸，如图 6-2 所示，其中：凸模直径 $d_p=$ 40.8mm，凸模圆角半径 $r_p=6$mm，凹模直径 $d_p=45$mm，凹模圆角半径 $r_d=6.5$mm，压边圈外径 $D_y=115$mm，压边圈内径 $d_y=45$mm。

2. 网格划分

采用 ANSYS/LS-DYNA 分析软件，在前处理器 ANSYS 中建模，在 LS-DYNA 中选择材料特性、单元、加载和求解设置等，为了提高分析精度，在凸、凹模圆角处设置更细密的单元，网格划分后对网格进行进一步的检查，确保单元数目在合理的范围内。有限元模型（图 6-3）采用软件中提供的显式薄壳单元为空间单元 3D-SHELL163，采用适用于分析翘曲问题的单点积分的壳单元算法 BWC（Belytschko-Wong-Chiang），采用最为常用的面面接触 Surface to Surf|Forming 类型。最后计算结果在 LS-PREPOST 中分析显示。

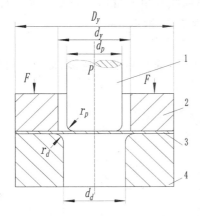

1. 凸模　2. 压边圈　3. 坯料　4. 凹模

图 6-2　拉深模具结构图 1

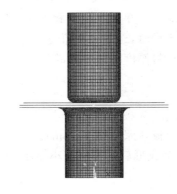

图 6-3　有限元模型

3. 计算工艺参数

坯料规格为直径 $D_0=115\mathrm{mm}$，厚度 $t_0=2\mathrm{mm}$，材料 08Al 的特性见表 4-14 同样设工件与模具之间的摩擦因数 $\mu=0.1$，压边力根据公式 $F=Aq$，式中 F 为压边力（N），A 为压边投影面积（mm^2），q 为单位压边力，取 $q=2\mathrm{MPa}$，根据给出的参数计算得到压边力 F 为 1310N。

4. 成形性能评价标准

拉深后制件以其危险断面（位于筒壁的底部靠近凸模圆角）处厚度和厚度减薄率为标准来判断成形质量，而零件拉深的主要失效形式是起皱和破裂。板料成形中，成形极限图（FLD）是一个衡量成形性能的评价指标，能有效地评价拉深成形中的起皱和破裂，本文利用成形极限图来评价圆筒形件的成形性能好坏。分别定义拉裂安全成形曲线 $\psi_1(\varepsilon_1,\varepsilon_2)$ 和起皱安全成形曲线 $\psi_2(\varepsilon_1,\varepsilon_2)$，如图 6-4 所示。函数表达式为：

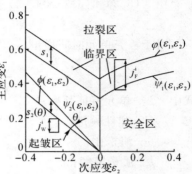

图 6-4 FLD 成形极限

$$\psi_1(\varepsilon_1,\varepsilon_2)=\phi(\varepsilon_1,\varepsilon_2)-s_1 \qquad (6-7)$$

$$\psi_2(\varepsilon_1,\varepsilon_2)=\phi(\varepsilon_1,\varepsilon_2)-s_2(\theta) \qquad (6-8)$$

式中　ε_1、ε_2——主应变和次应变；

　　$\phi(\varepsilon_1,\varepsilon_2)$——拉裂成形极限曲线；

　　$\phi(\varepsilon_1,\varepsilon_2)$——起皱成形极限曲线（纯剪应变状态 $\rho=-1$）；

　　s_1、$s_2(\theta)$——拉裂安全距离和起皱安全距离；

　　θ——起皱安全角度。

由此，FLD 目标评价函数定义为

$$f(\varepsilon_1,\varepsilon_2)=\alpha\sum(j_w^i)^2+\sum(j_F^i)^2$$

$$j_w^i=|\phi(\varepsilon_1^e)-\varepsilon_2^e|, \qquad \varepsilon_2^e\leqslant\phi(\varepsilon_1^e)$$

$$j_F^i=|\varepsilon_1^i-\psi(\varepsilon_2^e)|, \qquad \varepsilon_1^i>\psi(\varepsilon_2^e) \qquad (6-9)$$

式中　$f(\varepsilon_1,\varepsilon_2)$——单元目标评价函数；

　　j_F^i、j_w^i——单元目标拉裂距离和起皱距离；

　　$\psi(\varepsilon_2^e)$、$\phi(\varepsilon_1^e)$——单元目标拉裂安全成形曲线和单元目标起皱安全成形曲线；

　　α——由试验确定的平衡起皱和破裂的因素，一般取 $\alpha=0.1$；

　　ε_1^e、ε_2^e——单元主应变和单元次应变。

拉深成形时，ε_1^i 和 ε_2^e 数值愈小愈好，表明位于安全区域的点越多，即成形性能越好。危险断面处板料厚度减薄率要满足

$$\Delta t_{thinning}=\frac{t_0-t_{min}}{t_0}\times100\% \qquad (6-10)$$

式中　$\Delta t_{thinning}$ 为板料减薄率（%）；

　　t_0 为板料原始厚度（mm）；

　　t_{min} 为成形后的板料最小厚度（mm）。

三、模拟结果及分析

1. 拉深速度与厚度关系

拉深高度 $h=21\text{mm}$，毛坯单元数量 3888 时，凸模下降模拟速度分别为从 $v=1\text{m/s}$ 到 $v=60\text{m/s}$ 等条件下的危险断面处板料厚度减薄率和法兰上增厚率（见表 6-1）。图 6-5(a) 是 $v=1\text{m/s}$ 拉深后 FLD 图，图 6-5(b) 是拉深速度 $v=2.5\text{m/s}$，…，50m/s 拉深后 FLD 图（因为拉深速度 $v=2.5\text{m/s}$，…，50m/s 拉深后 FLD 图的结果比较相近，此处有用同一张图来说明），图 6-5(c) 是 $v=60\text{m/s}$ 拉深后 FLD 图，图 6-6(a) 是冲模速度在 $v=1\text{m/s}$ 拉深后的厚度减薄率分布，图 6-6(b) 是冲模速度 $v=2.5\text{m/s}$，…，50m/s 拉深后的厚度减薄率分布（同样因为拉深速度 $v=2.5\text{m/s}$，…，50m/s 拉深后厚度减薄率分布比较相近，此处有用同一张图来说明），图 6-6(c) 是拉深速度 $v=60\text{m/s}$ 拉深后的厚度减薄率分布。

表 6-1 模拟结果

凸模速度 m/s	计算时间 t/s	危险断面处厚度减薄率 $\Delta t/\%$	法兰上增厚率 $-\Delta t/\%$
1	4560	22.14	−5.62
2.5	2100	27.13	−2.975
5	900	27.2	−3.091
7.5	660	27.25	−2.702
10	540	27.43	−2.554
12.5	420	27.56	−2.634
20	300	26.62	−2.642
40	240	26.53	−2.611
50	120	27.31	−2.417
60	108	30.24	−2.14

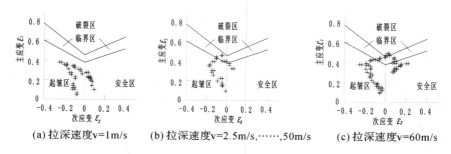

(a) 拉深速度v=1m/s (b) 拉深速度v=2.5m/s,……,50m/s (c) 拉深速度v=60m/s

图 6-5 不同的拉深速度在拉深高度为 21mm 拉深后的拉深件 FLD 图

对表 6-1 和图 6-5 进行分析，危险断面处厚度减薄率并不完全随拉深速度增加而减小，法兰上增厚率也不完全随拉深速度增加而减小，但拉深速度增加，危险断面处厚度破裂趋势会增加，拉深速度减慢，起皱趋势增加。如果按先前设定的合格拉深件标准（危险断面处厚度减薄率控制在 30%，法兰上增厚率控制在 3.5%），速度 $v=1\text{m/s}$，特征点应变都落在安全区内（图 6-5(a)），虽然拉深件不会破裂，但起皱严重，增厚率 5.629% ＞3.5%，视作废品（图 6-6(a)）。速度 $v=60\text{m/s}$，有特征点应变落在拉裂极限成形曲线之外（图 6-5(c)），拉深件破裂(图 6-6(c)),也不是合格件。而当速度 $v=2.5\mathrm{m/s}\sim50\mathrm{m/s}$ 时,都有特征点应变进入临界区内这一相同特征(图 6-5b),危险断面处厚度减薄率均小于 30％,法兰上增厚率均小于 3.5％(图 6-6(b)),采用这一范围内各速度拉深后,最大的拉深件危险断面处厚度减薄率与最小的的拉深件危险断面处厚度减薄率只有相差 0.18％,法兰上增厚率相差 0.55％,说明只有采用这一速度范围的速度所得到的模拟结果是可靠的,即拉深高度 $h=21\mathrm{mm}$,废品率(发生破裂)出现的几率会很高。

但是采用模拟速度为 $v=50\mathrm{m/s}$ 时的计算速度比采用模拟速度为 $v=2.5\mathrm{m/s}$ 时的计算速度快近 20 倍,说明了在这一速度范围内可取较快的模拟速度能提高计算效率。

(a)拉深速度v=1m/s   (b)拉深速度v=2.5m/s,……,50m/s   (c)拉深速度v=60m/s

图 6-6　不同的拉深速度在拉深高度为 21mm 拉深后的拉深件厚度减薄率分布

2. 单元数量与厚度关系

压边力为 1310N,拉深高度 $h=21\mathrm{mm}$ 时,拉深速度 $v=2.5\mathrm{m/s}$,分别取不同的毛坯单元数量,得到不同的危险断面处板料厚度减薄率和法兰上增厚率(表 6-2)。

表 6-2　模拟结果

毛坯单元数量	计算时间 t/s	危险断面处厚度减薄率 $\Delta t/\%$	法兰上增厚率 $-\Delta t/\%$
3888	2100	27.13	−2.975
7500	5700	27.91	−2.853
10800	8200	28.38	−2.656
14700	10800	28.3	−2.705

表 6-2 表明危险断面处板料厚度减薄率随毛坯单元数量增多而增大,法兰上增厚率随毛坯单元数量增多而减小,毛坯单元数量愈多,模拟时间愈长,计算效率愈低。

四、工艺试验和结论

为了说明有限元模拟结果的可靠性,即拉深速度慢,拉深件发生起皱,拉深速度快,拉深件发生破裂的现象,进行了工艺试验,试验装置如图 6-7 所示,采用凸模在下,凹模在上的倒装模具结构,实际拉深条件:压边力略大一些,取 1.5kN,设置相同的拉深件高度,凸模速度在 2mm/s～11mm/s 范围内调整,试验结果如下:①凸模速度在较慢的拉深速度 2mm/s 时,筒形件法兰上发生起皱,如图 6-8 中的(a)所示,这与图 6-5(a)中的在慢速拉深时出现起皱模拟结果是一致的;②凸模速度在较快的拉深速度 6mm/s 时,筒形件底部圆角处发生破裂,如图 6-8 中的(b)所示,这与图 6-5(b)中的在快速拉深时有应变点出现在临界区内,拉深件可能出现破裂的情况也是一致的。

(a) 盒形件拉深　　　　　　　　　(b) 筒形件拉深

图 6-7　实验装置

(a) 拉深速度2mm/s时拉深件　　　　(b) 拉深速度6mm/s时拉深件

图 6-8　实验拉深后的筒形件

　　从上述试验得出：(1)压边力数值一定，模拟速度有一个较大的取值范围，对 08Al 板料的筒形件拉深，合适的模拟速度值范围为 2.5m/s～50m/s，在此范围内，取较快的模拟速度可极大地提高计算效率，且不会影响拉深件起皱和破裂发生的预测。(2)毛坯单元数量取值不同，模拟结果会在危险断面处板料厚度减薄率和法兰上增厚率数值上产生极小的差异，但也不会影响对拉深件起皱和破裂发生的预测。

第三节　冲压模具的价格估算

　　冲压模具的价格估算在许多文献中已有论述，但大都基于模具结构的复杂程度给予一定的加权系数的方法等。因此，所估算的价格与实际的模具制造价格有一定的差距。事实上，冲压模具的价格应当包含二层意思，其一是生产某产品对该产品在模具中的投资费用，这一部分费用应包括：产品的产量；模具的结构；模具的寿命；模具的材料。其二就是模具装配图和零件图完成后根据该模具装配图、零件图制造该模具的费用，这一部分费用仅仅和制造模具本身发生联系，而与产品产量，模具结构设计不发生关联。一般来讲，模具的费用就是指这一部分费用。

一、冲压模具费用的组成

1. 模具的材料

模具的材料是在模具的装配图和零件图完成后确定了的,因此必须根据零件的具体形状分析和计算模具坯料的重量和价格。如要加工一个较大的圆盘类零件,如果在板材类上切割,则必须考虑切割的废料。再如,较大的模架,应考虑铸造单价的铸造费用,或如果需要锻造零件,则要考虑锻造的费用。

2. 加工工艺和设备

根据零件图编制零件制造工艺流程,应考虑粗糙度,尺寸精度,形位公差,加工余量。最主要的是选择何种加工设备,其费用也是不相同的。如覆盖件模具,如是采用样板,模型,用仿型铣和数控加工,即曲面生产采用加工指令的数控加工费用也是完全不同的。如图 6-1 所示汽车覆盖件门框零件的凸模和凹模的加工,用数控加工和仿型铣的费用是完全不同的,所加工的凸模和凹模的精度也有所不同。

3. 模具的安装和调试

考虑到模具零件制造完成后,安装调试,试冲时,如果是冲裁一类的模具则成功的几率要比复杂拉深模大些,所以冲裁类模具的风险系数应比拉深类模具要小。但其复杂性可能并不会比拉深类模具低,因此要分别考虑。冲压模具制造零件要素概括起来说:模具的制造费用应在装配图和零件图完成之后,才能定下其具体的费用,计算步骤应按如下几点:

(1)根据零件图算出所有材料费用;

(2)列出每个零件的加工要素,并列出其加工费用;

(3)其他费用。人工费用,设备折旧,运输费用等。如不考虑第三项,模具制造费用就是材料费用和加工费用之和。而加工费用准确地讲,就是车、铣、刨、磨、钻,数控铣、数控车、线切割、电火花、热处理等。图 6-9 是模具价格计算流程图。

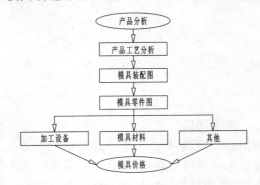

图 6-9 模具价格计算流程图

二、模具价格的估算

模具的制造费用,应根据模具装配图和零件图完成后才能确定,这样的计算方法,含有每个零件的材料费用和加工费用,才是比较准确的估算方法,而且不会造成各模具制造企业之间有太大的价格差别。事实上,现有模具制造企业,一般都是根据这个方法来计算的,随着客户的要求日益提高,要求模具制造商,迅速的报出模具价格,虽然模具制造商估算模具价格有许多可参考的计算公式,也能按公式计算出模具的大致价格,但由于模具的结构、尺寸、形状及制造等方法的不同,同样一副模具价格也会不同。因此就凭一个冲压件就确定模具价格的方法,严格说来并不可取。况且,模具价格也随着制造材料波动,不同地区的人工费用,是否模具制造专业厂家和非模具制造专业厂家的加工也不相同。

三、模具价格估算实例

按照模具结构设计,按各个零件毛坯、重量、所用材料及材料的单价,分别计算出制造每个零件的价格,再合计全部的零件制造价格,这只是模具的材料费,制造一般取材料费的倍数,一般取1∶3左右。但是这还要视制造厂家设备、制造水平、交货周期等而定。如图5-33汽车空气滤清器安装板,其冲压工艺流程是落料冲孔(落料冲孔模)、成形(成形模)。落料冲孔模的毛坯或工序如图6-10所示。落料冲孔模和成形模两副模具的制造费用为3.3万元,制造周期为30天。图6-11是自行车上挡泥板与支架的连接片,尺寸不大且厚度为0.3mm,制造周期41天,模具价格0.55万元。

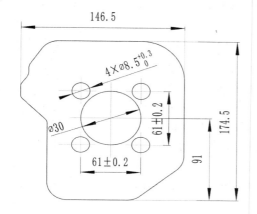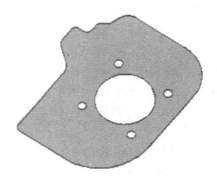

图 6-10　落料模毛坯

图 6-11　连接片　　　　图 6-12　连接片落料冲孔模

参考文献

[1] 施于庆,李凌丰.板料拉深有限元模拟冲模速度研究[J].兵器材料科学与工程,2010,33(3):75—78

[2] 施于庆,任志宇.并行工程环境下的冲压模具 CAD/CAM[J].机电工程,2001,18(5):75—77

[3] 管爱枝,施于庆.多加强肋胀形可行性补充条件及有限元数值模拟[J].锻压技术,2013,38(3):165—169

[4] 施于庆.护板双向对称成形模设计[J].金属成形工艺,2000,18(1):18—20

[5] 施于庆,张剑慈.滤清器支架结构特点及模具设计[J].锻压技术,2003,32(2):56—58

[6] 施于庆,楼易.罩壳锥面侧向冲孔模[J].金属成形工艺,2000,18(3):22—23

[7] 施于庆,楼易.筒形件拉深孔成形工艺数值模拟分析[J].农业机械学报,2008.(12):191—195

[8] 施于庆,管爱枝.用椭圆角凹模消除水管接头盖成形缺陷的研究[J].浙江科技学院学报,2014,26(3):186—191

[9] 施于庆,李凌丰.压边力曲线对极限拉深高度的影响[J].塑性工程学报,2009,(1):12—17

[10] 施于庆,李凌丰.带工艺孔的板坯拉深新工艺有限元模拟[J].兵工学报,2009,(7):967—972

[11] 施于庆.冲压工艺及模具设计[M].杭州:浙江大学出版社,2012

[12] 施于庆.冲压模具的价格估算[J].模具制造,2001,16(3):31—32

[13] 施于庆,管爱枝.变凸模运动曲线对板料成形极限性能的影响[J].浙江科技学院学报,2014,26(5):1—6

[14] 施于庆.抑制汽车纵梁弯曲回弹的弯曲模改进设计[J].浙江科技学院学报,2014,27(5):165—170